高等院校环境科学与工程类"十二五"规划教材

环境化学实验教程

邹洪涛　朱丽珺　主编

中国林业出版社

内 容 简 介

　　《环境化学实验教程》作为高等院校环境科学与工程类"十二五"规划教材之一，主要面向高等学校环境科学、环境工程等资源环境类本科专业，共包括 53 个实验，内容涵盖大气环境化学、水环境化学、土壤环境化学和环境生物化学，每部分实验内容分为基础性实验、综合性实验和创新性实验，内容上由浅入深、循序渐进，既注重学生对基础知识的掌握和运用，又注重对学生创新能力的培养。在实验内容设计和研究方法选择上尽量反映当前环境科学领域最新研究进展。本教程实验内容全、可选择性强，可适应不同层次高等学校环境化学实验课的教学。本书可作为高等院校环境科学、环境工程、农业资源与环境、生态学专业本科生的专业教材，也可作为与资源环境相关专业研究生及研究人员的参考用书。

图书在版编目(CIP)数据

环境化学实验教程 / 邹洪涛，朱丽珺主编. —北京：中国林业出版社，2015. 11
高等院校环境科学与工程类"十二五"规划教材
ISBN 978-7-5038-8250-0

Ⅰ.①环…　Ⅱ.①邹…②朱…　Ⅲ.①环境化学－化学实验－高等学校－教材
Ⅳ.①X13－33

中国版本图书馆 CIP 数据核字(2015)第 268701 号

中国林业出版社·教育出版分社

策划编辑：肖基浒　　　　　　　　责任编辑：丰　帆　肖基浒
电话：(010)83143555　83143558　　传真：(010)83143516

出版发行　中国林业出版社(100009　北京市西城区德内大街刘海胡同 7 号)
　　　　　　E-mail:jiaocaipublic@163.com　电话：(010)83143500
　　　　　　http://lycb.forestry.gov.cn
经　　销　新华书店
印　　刷　北京市昌平百善印刷厂
版　　次　2015 年 11 月第 1 版
印　　次　2015 年 11 月第 1 次印刷
开　　本　850mm×1168mm　1/16
印　　张　10.5
字　　数　249 千字
定　　价　26.00 元

凡本书出现缺页、倒页、脱页等质量问题，请向出版社发行部调换。

《环境化学实验教程》编写人员

主　　编　邹洪涛　朱丽珺
副 主 编　王毅力　王　展
编写人员（按姓氏笔画排序）
　　　　　　王　展（沈阳农业大学）
　　　　　　王文磊（中南林业科技大学）
　　　　　　王毅力（北京林业大学）
　　　　　　朱丽珺（南京林业大学）
　　　　　　伦小秀（北京林业大学）
　　　　　　许敛敏（山西农业大学）
　　　　　　吴　岩（沈阳农业大学）
　　　　　　邹洪涛（沈阳农业大学）
　　　　　　侯　磊（西南林业大学）
　　　　　　郭　锋（山西农业大学）

前　言

环境化学是利用化学学科的基础理论知识,研究有害化学物质在环境介质中的存在、特性、行为和效应及其控制的一门科学。环境化学实验是环境化学课程重要组成部分,本实验教程侧重于污染物质在各环境介质中迁移转化过程所涉及实验方法、分析技术和操作技能,对于深入研究污染物质在生态环境中的化学行为具有重要指导意义。

环境化学实验教程与环境化学教材配套使用,主要面向高等学校环境科学、环境工程等资源环境类本科专业,共包括53个实验,内容涵盖大气环境化学、水环境化学、土壤环境化学和环境生物化学,每部分实验内容分为基础性实验、综合性实验和创新性实验,内容上由浅入深、循序渐进,既注重学生对基础知识的掌握和运用,又注重对学生创新能力的培养。教学过程中可根据教学对象和目的,以及各学校实验条件选择合适的实验项目。

本实验教程由邹洪涛和朱丽珺提出编写大纲,具体分工如下:第1章由吴岩和郭锋编写,第2章由伦小秀和侯磊编写,第3章由许剑敏编写,第4章由邹洪涛和王展编写,第5章由王毅力、朱丽珺和王文磊编写。最后由邹洪涛和朱丽珺对全部书稿进行了审阅和修改。

本书编写过程中,编者参考和借鉴了相关的环境化学实验教材,在此一并向教材作者表示衷心的感谢。

由于编者水平有限,书中难免有疏漏和不当之处,敬请读者批评指正。

编　者
2015 年 8 月

目　录

第 **1** 章
样品采集原则与方法

1.1 大气环境样品的采集和保存

1.1.1 采样点的布设

(1)采样点的选择原则

选择采样点要遵循一定的原则，因为正确的选择采样点对于监测的准确性有至关重要的作用。大气采样点的选择应该遵循以下原则和要求：

①采样点应该设在整个监测区域高、中、低 3 种不同污染物浓度的地方。

②在污染源比较集中，主导风向比较明显的情况下，应将污染源的下风向作为主要监测范围，布设较多的采样点，上风向只布设少量采样点作为对照。

③工业较密集的城区和工矿区，人口密度及污染物超标地区，要适当增设采样点；城市郊区和农村、人口密度小及污染物浓度低的地区，可酌情减少采样点。

④采样点的周围应该开阔，采样点水平线与周围建筑物高度的夹角应不大于 30°。测点周围应该没有局部地区污染源，并应避开表面有吸附能力的物体。所允许的间距取决于物体对有关污染物的吸附情况，通常至少应有 1m 的距离。交通密集区的采样点应该设在距离人行道边缘至少 1.5m 远处。

⑤采样高度根据监测目的来确定。研究大气污染对人体的危害，采样口应在距离地面 1.5～2m 处；研究大气污染对植物或者器物的影响，采样口高度应与植物或器物高度相近。连续采样例行监测采样口高度应距离地面 3～15m；若监测仪器置于屋顶采样，采样口应该与基础面有 1.5m 以上的相对高度，以减少扬尘的影响。特殊地区可视实际情况选择采样高度。

(2)采样点的数目

在一个监测区域内，采样点设置数目是与经济投资和精度要求相应的一个效益函数，应根据监测范围大小、污染物的空间分布特征、人口分布及密度、气象、地形及经济条件等因素综合考虑确定。世界卫生组织(WHO)和世界气象组织(WMO)提出按照城市人口多少设置城市大气—地面自动监测站(点)的数目见表 1-1。我国对大气环境污染例行监测采样点规定的设置数目见表 1-2。

(3)采样点的布点方法

大气污染监测的目的，一是进行大气污染现状的环境监测，又称常规监测；二是了解污染影响的监测，简称污染源监测。

①常规监测的布点方法

a. 功能分区布点法：将监测区域划分为工业区、商业区、居住区、工业和居住混合区、交通稠密区、文化区、清洁区、对照区等。各个功能区放置一定数量的采样点，在污染较集中的工业区和交通稠密区可以多设置采样点。对照区至少设 1～2 个采样点，其他区可根据实际情况确定。功能区布点便于分析污染原因与环境质量的关系。

b. 网格布点法：网格布点法是将监测区域地面划分成若干均匀网状方格，采样点设在两条直线的交点处或者方格中心(图 1-1)。每个方格为正方形，可在地图上均匀描绘。网格的大小视污染源强度，人口分布及人力、物力条件等确定。实地面积视所测区域的大小和调查精度而定，一般为 100～900hm² 设一方格。若主导风向明显，下风向布设点应该多一些，一般约占采样点总数的 60%。这种布点法适用于在监测地区范围内有多个污染源，且污染源分布较均匀的地区，如平原城市或区域大气污染调查。

常规监测的采样点一旦定下来，就要相对稳定，一般不再改变地点。如要更换原来样点，一定要有足够的对照实验，以求得新老点之间的显著差异及相关系数，确保资料的可比性。

表 1-1   WHO 和 WMO 推荐的大气自动监测站(点)数目

市区人口/万	飘尘	SO$_2$	NOx	氧化剂	CO	风向风速
≤100	2	2	1	1	1	1
100～400	5	5	2	2	2	2
400～800	8	8	4	3	4	2
>800	10	10	5	4	5	3

表 1-2   我国大气环境污染例行监测采样点设置数目

市区人口/万	SO$_2$、NOx、TSP	灰尘自然降尘量	硫酸盐化速率
≤50	3	≥3	≥6
50～100	4	4～8	6～12
100～200	5	8～11	12～18
200～400	6	12～20	18～30
>400	7	20～30	30～40

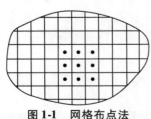

图 1-1   网格布点法

图 1-2   同心圆布点法

②污染源监测的布点方法   污染源监测的布点方法一般有同心圆布点法、扇形布点法和叶脉形布点法。

a. 同心圆布点法：此法是以污染源为原点，在小于 45°夹角的射线上采样。首先确定污染群的中心，以此为圆心在周围画若干个同心圆，再从圆心引若干条放射线。将放射线与同心圆的交点作为采样点(图 1-2)。不同圆周上的采样点数目不一定相等或均匀分布，常年主导风向的下风向比上风向多设一些点。例如，同心圆半径分别取 4km、10km、20km、40km，从里向外圆周上分别布设 4、8、8、4 个采样点。同心圆法主要用于多个污染源构成的污染群且大污染源较集中的地区。

b. 扇形布点法：此法是以污染源为顶点，主导风向为轴线，在下风向地面上划出一个扇形区作为布点范围。扇形的角度一般为 45℃，也可取 60℃，但是一般不超过 90℃。采样点设在扇形平面内距离点源不同距离的若干弧线上(图 1-3)。每条弧线上设 3～4 个采样点，相邻两点与顶点连线的夹角一般取 10°～20°，并在上风向应该设对照点。扇形布点法适用于孤立的高架点源，且主导风向明显的地区。

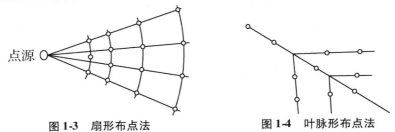

图 1-3 扇形布点法　　　　　图 1-4 叶脉形布点法

c. 叶脉形布点法：此法要严格选择主导风向与主方向一致，并在污染源上风向布设 1～2 个对照点(图 1-4)。

1.1.2 大气样品的采集

(1)采样方法

采集大气样品的方法可归纳为直接采样法和富集(浓缩)采样法两类。

①直接采样法　当大气中的被测组分浓度较高或监测方法灵敏度高时，从大气中直接采集少量气样即可满足监测分析要求。用这类方法测得的结果是瞬时或者短时间内的平均浓度，它可以较快地得到分析结果。直接采样法常用的采样容器有注射器、塑料袋和一些固定容器。这种方法具有经济和轻便的特点。

②富集(浓缩)采样法　大气中的污染物质浓度一般都比较低(ppm～ppb 数量级)需要用富集采样法对大气中的污染物进行浓缩。富集采样时间一般比较长，测得结果代表采样时的平均浓度，更能反映大气污染的真实情况。这种采样方法有溶液吸收法、固体阻留法、低温冷凝法及自然沉降法等。

(2)采样装置

大气污染监测的采样仪器主要有：收集器、流量计和采样动力 3 部分组成。

①收集器　收集器是捕集大气中欲测物质的装置。常用收集器如下：

a. 液体吸收管：普通气泡吸收管、多孔玻璃板吸收管、小型冲击式吸收管、螺旋吸收管和泡沫填充吸收管(瓶)等，如图 1-5 所示。这些吸收管都具有较好的性能，吸收率可达 90%，它们的性能见表 1-3。

b. 填充柱采样管：将预先处理过的颗粒状或者纤维状的固体吸收剂放在管内，采样的流量一般为 $0.5～5.0\ L\cdot min^{-1}$。这种采样管适用于采集蒸汽与气溶胶共存物质。

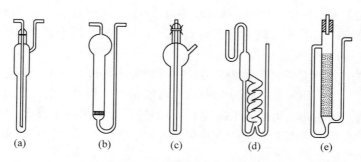

图1-5　几种常见的吸收管

（a）普通气泡吸收管　（b）多孔玻璃板吸收管　（c）小型冲击吸收管　（d）螺旋吸收管　（e）泡沫填充吸收管

表1-3　几种常用吸收管的性能

吸收管类型	吸收溶液体积/mL	采样流量/($L \cdot min^{-1}$)	备注
普通气泡吸收管	5～10	0.1～1	简单，气液接触时间短
多孔玻璃板吸收管	5～10	0.2～1	易使用，气液接触好
小型冲击式吸收管	5～10	1～3	—
螺旋吸收管	5～10	0.05～0.5	低流量有效
微球填充柱吸收管	5～10	0.5～2	低流量效果好，阻力可变

c. 滤料采样夹：采样时可装上直径40mm的滤膜，采样流量为5～30 $L \cdot min^{-1}$。采集的空气样品适用于单项组分分析。

②流量计　流量计是测量气体流量的仪器，而流量是计算采集气体体积必须的参数。常用的流量计有孔口流量计、转子流量计和限流孔等。

孔口流量计如图1-6所示，有隔板式和毛细管式两种。气体通过隔板或毛细管小孔时所产生的阻力会形成压力差，气体的流量越大，压力差就越大。气体的流量由U形管两侧的液柱差可以读出。

③采样动力　采样动力应该根据所需采样流量、采样体积、所用收集器及采样点的条件进行选择。一般应该选择重量轻、体积小、抽气动力大、流量稳定、连续运行能力强及噪声小的采样动力。

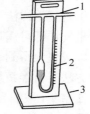

图1-6　孔口流量计

1. 隔板；2. 液柱；3. 支架

注射器、连续抽气筒、双连球等手动采样动力适用于采气量小、无市电供给的情况。对于采样时间较长和采样速度要求较大的场合，需要使用电动抽气泵。

1.1.3　大气样品的保存

大气采样一般要求立即分析，否则将样品收入4℃的冰箱保存。对于吸收在采样管中的富集样品，封闭管口，在长时期内成分可保持不变。如用活性炭采集空气中苯蒸汽，2个月内含量稳定不变。

1.2 水体环境样品的采集和保存

1.2.1 采样点的设置

1.2.1.1 地表水采样点的设置

地表水是一个不断进行物质和能量交换的开放系统，水中溶有大量的各种各样的物质，因此，地表水是一个良好的开放性系统。由于水的不准确性、无样本性、随机性、离散性和突变性，使水的采样点的布设、采样时机、采样频率及样品处理分析变得十分复杂又困难。

应该设置监测断面的水域位置有：①有大量废水排入河流的主要居民区、工业区的上游和下游；②湖泊、水库、河流的主要入口和出口；③饮用水源区、水资源集中的水域、主要风景游览区、水上娱乐区及重大水利设施所在地等功能区；④较大支流汇合口上游和汇合后与干流充分混合处；入海河流的河口处；受潮汐影响的河段和严重水土流失区；⑤国际河流出入国境线的出入口处；⑥尽可能与水文测量断面重合，并要求交通方便，有明显河岸标志。

（1）河流监测断面及采样点的设置

对于江、河水系或某一河段，要求设置3种断面，即对照断面、控制断面和削减断面。如图1-7是一个综合性的河段，以此为例介绍其断面设置和布点方法。

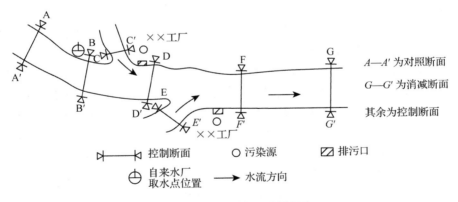

图 1-7 河流监测断面设置示意

①对照断面 对照断面也叫背景断面，是为了了解流入监测河段前的水体水质状况而设置，具有判断水体污染程度的参比和对照作用或提供本底值的断面。这种断面应设在河流进入城市或工业区之前的地方，避开各种废水、污水流入或回流处。一个河段一般只设置一个对照断面，有主要支流时可酌情增加。

②控制断面 为评价、监测河段两岸污染源对水体水质影响而设置。控制断面的数目应该根据城市的工业布局和排污口分布情况而定，断面的位置与废水排放口的距离应根据主要污染物的迁移、转化规律，以及河流流量和河道水力学特征来确定。控制断面一般设在排污口下游500～1 000m处，这主要是因为在排污口下游500m横断面上的1/2 宽度处，重金属浓度一般会出现高峰值。对于有特殊要求的区域，如自然保护区、水产资源区、风景游览区、

跟水源有关的地方病发病区、严重水土流失区及地球化学异常区等河段上，也应该设置控制断面。

③削减断面 削减断面是指河流收纳废水和污水后，经稀释扩散和自净作用，使污染物浓度显著下降，其中左、中、右三点浓度差异较小的断面，一般设在城市或工业区最后一个排污口下游1 500m以外的河段。水量小的小河流应视具体情况而定。

设置监测断面以后，应根据水面的宽度确定断面上的采样垂线，再根据采样垂线的深度确定采样点的位置和数目。监测断面和采样点位置选定后，应该立即设立标志物，每次采样时应该以标志物为准，在同一位置上采取，以保证样品的代表性。①对于江、河水系的每个监测断面，水面宽小于50m时，一般只设置一条中泓线；水面宽在50～100m时，应该在左右近岸1/3河宽处各设置一条垂线；水面宽在100～1 000m时，在中泓、左右近岸有明显水流处设左、中、右3条垂线；水面宽大于1 500m时，要设置至少5条等距离采样垂线。垂线的设置应该在过水断面内，避开岸边污染带。对于无污染或有充分数据说明断面上水质均匀的河流，可适当减少垂线数，对于较宽的河口应酌情增加垂线数。②在一条垂线上，水深不足1m时，在1/2水深处设置一个采样点；水深小于或等于5m时，只在水面下0.3～0.5m处设置一个采样点；水深在5～10m时，在水面下0.3～0.5m处和河底以上约0.5m处各设置一个采样点；水深在10～50m时，需设置3个采样点，即分别在水面下0.3～0.5m处、1/2水深处及水底上0.5m处各设置一个采样点；水深超过50m时，应该酌情增加采样点数。如果有充分数据说明某条垂线上水质均匀的河流，可适当减少采样点数。

(2) 湖泊、水库监测断面和采样点的设置

不同类型的湖泊、水库应该区别对待。首先需要判断湖泊、水库是单一水体还是复杂水体，考虑汇入湖、库的河流数量，水体的径流量、季节变化及动态变化，沿岸污染源分布及污染源扩散与自净规律、生态特点等，然后按照前面讲的设置原则来确定监测断面的位置。①在进出湖泊、水库的河流汇合处分别设置监测断面；②以各功能区(如城市和工厂的排污口、饮用水源、风景游览区、排灌站等)为中心，在其辐射线上设置弧形监测断面；③在湖、库中心，深、浅水区，滞留区，不同鱼类的回游产卵区，水生生物经济区等设置监测断面。

湖、库采样点的位置与河流是相同的。但是由于湖、库的深度与河流不同，会发生不同水温层，应先测量不同深度的水温、溶解氧等指标，确定分层情况，然后再确定垂线上采样点的数量和位置。位置确定好后要设立标志物，以确保每次采样在同一位置。

(3) 海水监测断面及采样点的设置

采样的主要站点应合理地布设在环境质量发生明显变化或者有重要功能用途的海域，如近岸河口区或重大污染源附近。海水采样的布点原则是近海岸较密，远海岸较疏。在主要入河口、大型厂矿排污口、渔场和养殖场、重点风景游览区、海上石油开发区应该较密，对照区较疏。另外，海水采样布点还应该考虑污染物进入海洋的方式、污染物进入海洋的周期以及污染物的海洋环境等。

采样点的断面尽量与岸线垂直，河口的断面与径流扩散方向一致或垂直，开阔海区纵横面呈网格状，港湾断面则视地形、潮流、航道的具体情况布设。布点方法有：①网格式布点。海上污染源不是很集中，而是沿海岸均有分布，可以采用棋盘式网格布点；②扇形布点。存在入海的主要污染河流，污染呈辐射状由沿岸入海河口向近海扩散，这时可围绕一个中心，

沿着若干条辐射线作扇形布点；③重点区域布点。对有污染源的入海河及港口可加密采样点，一般两点之间不超过 500 m。

1.2.1.2　地下水采样点的设置

地下水采样前须对欲采集样品的环境背景资料有所了解。在布设地下水采样井之前，应收集本地区相关资料，包括区域自然水文地址单元特征、地下水补给条件、地下水流向以及开发利用、污染源及污水排放特征、城镇及工业区分布、土地利用与水利工程状况等。地下水采样井应该布设在以地下水为主要供水水源的地区、饮用型地方病（如高氟病）高发地区、污水灌溉区；垃圾堆积处理场地区以及地下水回灌区、污染严重区域等。

采样井布设的方法要求一般水资源质量监测及污染控制井根据区域水文地质单元状况，视地下水主要补给来源，可在垂直于地下水流的上方设置一个或多个背景监测井，根据本地区地下水流向及污染源分布状况，采用网格法或者放射法布设，多级深度井应该沿不同深度设置多个采样点。

1.2.1.3　水污染源采样点的设置

水污染源包括工业废水源、生活污水源、医院污水源等。水污染源一般经管道或渠、沟排放，截面比较小，不需要设置断面，而直接确定采样点位。在调查生产工艺和废水的排放情况后，按以下原则确定采样点。

（1）工业废水

①在车间或车间设备废水排放口设置采样点，监测一类污染物。这类污染物主要有汞、镉、砷、铅的无机化合物，六价铬的无机化合物以及有机氯化合物和强致癌物质等。

②在工厂废水总排放口布设采样点，监测二类污染物。这类污染物主要有悬浮物，硫化物，挥发酚，氰化物，有机磷化合物，石油类，铜、锌、氟的无机化合物，硝基苯类，苯胺类等。

③已有废水处理设施的工厂，在处理设施的排放口布设采样点。为了了解废水的处理效果，可在进出口分别设置采样点。

④在排污渠道上，采样点应设在渠道较直、水量稳定的地方。

（2）生活污水和医院污水

采样点设在污水总排放口。对污水处理厂，应在进、出口分别设置采样点进行监测。

1.2.2　水样的采集

1.2.2.1　水样的类型

水样的类型分为瞬时水样、连续水样、混合水样和综合水样 4 种。

（1）瞬时水样

瞬时水样是指在某一时间和地点从水体中随机采集的分散水样，它是不连续样品。当水体水质稳定，或其组分在相当长的时间或相当大的空间范围内变化不大时，瞬时水样具有很好的代表性；当水体组分及含量随时间和空间变化时，就应该隔时且多点采集瞬时水样，分别进行分析，以得到水质的变化规律。考察水域存在的污染及污染程度，均应采用瞬时样品，对于某些特定监测项目如溶解氧、溶解硫化氢等溶解气体的待测水样，也需要采集瞬时样品。

（2）连续样品

连续样品包括在固定时间间隔周期采样（即定时采样，取决于时间）和在固定的排放量间隔下周期采样（取决于体积）。

（3）混合水样

混合水样是指在同一采样点于不同时间采集的瞬时水样的混合水样，也称为时间混合水样。这种水样在观察平均浓度时非常有用，可以减少分析的样品数量，节约时间，降低成本，但不适用于被测组分在贮存过程中发生明显变化的水样。

（4）综合水样

把不同采样点同时采集的各个瞬时水样混合后得到的样品称为综合水样。这种水样在某些情况下更具有实际意义，例如，当为几条废水河、渠建立综合处理厂时，以综合水样取得的水质参数作为设计依据更为合理。

1.2.2.2　采样器及采样方法

采样前要根据监测项目的性质和采样方法的要求选择材质适宜的采样容器和盛水容器，并且清洗干净，此外还需要准备好交通工具，通常使用船只。对采样器具的材质要求化学性能稳定，大小和形状均要适宜，不易吸附待测组分，易于清洗且能够反复使用。

（1）容器的洗涤

采样前要将玻璃瓶及塞子用洗涤剂浸泡清洗，再用蒸馏水洗净，也可以先用碱性高锰酸钾溶液清洗，再用草酸溶液清洗。聚乙烯容器可用10%的盐酸浸泡，再用自来水清洗，最后用蒸馏水洗净。橡皮塞应该先用1% Na_2CO_3 溶液煮一段时间，再用1% HCl 煮，再在水中煮后用蒸馏水洗净。

（2）采样器的选择与采样方法（表1-4）

表1-4　水样采集器与采样方法

采样对象	采样器	采样方法
表层水	桶、瓶等容器	一般将其沉至水面下0.3~0.5m处进行采集
深层水	带重锤的采样器	将采样容器沉降至所需深度，深度可以从绳子上的标记看出。上提细绳打开瓶塞，待水样充满容器后提出
水流湍急的河段	急流采样器	将一段长管固定在铁框上，管内装一根橡胶管，其上部用夹子夹紧，下部与瓶塞上的短玻璃管相连，瓶塞上另有一长玻璃管通至采样瓶底部 采样前塞紧橡胶塞，然后沿船身垂直深入要求水深处，打开上部橡胶管夹，水样即沿长玻璃管流入样品瓶中，瓶内空气由短玻璃管沿橡胶管排出。这样采集的水样也可用于测定水中溶解性气体，因为它是与空气隔绝的
溶解气体（如溶解氧）的水样	双瓶采样器	将采样器沉入要求水深处后，打开上部的橡胶管夹，水样进入小瓶（采样瓶）并将空气驱入大瓶，从连接大瓶短玻璃管的橡胶管排出，直到大瓶中充满水样，提出水面后迅速密封

1.2.2.3 采样频率

（1）河流采样频率

大流域主要河流干流和全国重点基本站等，采样频次每年不少于 12 次，每月中旬采样。一般中小河流基本站采样频次每年不少于 6 次，丰、平、枯水期各 2 次。流经城市或工业区污染较为严重的河段，采样频次每年不得少于 12 次，每月采样 1 次。在污染河段有季节差异时，采样频次与时间可按污染季节和非污染季节适当调整，但全年监测不得少于 12 次。供水水源地等重要水域采样频次每年不得少于 12 次，采样时间根据具体要求确定。河流水系的背景断面每年采样 3 次，丰、平、枯水期各 1 次，交通不便处酌情减少，但每年必须有 1 次。

（2）湖泊（水库）采样频率和时间

一般湖泊（水库）水质站全年采样 3 次，丰、平、枯水期各 1 次。污染严重的湖泊（水库），全年采样不得少于 6 次，隔月 1 次。没有全国重点基本站或具有向城市供水功能的湖泊（水库），每月采样 1 次，全年 12 次。

（3）地下水的采样时间与频次

背景井点每年采样 1 次；全国重点基本站点每年采样 2 次，丰、枯水期各 1 次；地下水污染严重的控制井，每季度采样 1 次；在以地下水作生活饮用水源的地区每月采样 1 次。

1.2.2.4 采样注意事项

①采样前至少用所取水样洗涤盛水容器（玻璃瓶子或聚乙烯塑料瓶子等）和塞子 3 次。采样时水应缓缓注入瓶中，不要起泡，不要用力搅动水源，并注意勿使砂石、浮土颗粒或植物等杂质进入瓶中。

②没有抽水机设备的井水，应先将水桶冲洗干净，再取出井水装入样瓶。

③采样时，不要把瓶子完全装满，须留有 10 ~ 20mL 空间（水样面距离瓶塞应不少于 2cm），以防水温及气温改变时将瓶塞挤掉。

④水样取好后，仔细塞好瓶塞，不能有漏水现象。如将水样转送它处或不立刻进行分析时，应用石蜡或火漆封瓶口，再转送到实验室分析。如水样运送较远，则应用纱布或绳子将瓶口缠紧，然后再以石蜡或火漆封住。

⑤如欲采集平行分析水样，则必须在同样条件下同时采样。

⑥采集高温泉水水样时，在瓶塞上插一根内径极细的玻璃管，待水样冷至气温后，拔出玻璃管，再密封瓶口。

⑦某些项目的分析水样要注意其特殊的取样要求，如溶解氧水样要杜绝气泡，测油水样不能注满取样瓶等。

1.2.3 水样的运输和保存

采集到的水样从采集到分析测定这段时间，由于环境条件的改变，微生物新陈代谢活动和化学作用的影响，会引起水样的某些物理参数及化学组分的变化。为了使监测更加准确，应该对水样尽快进行分析测定和采取必要的措施，有的测定项目必须在现场进行测定。

（1）水样的运输

对于采集的每一个水样，都应该做好记录，并在采样瓶上贴好标签，尽快运送到实验室。

在运输过程中需要注意:①要塞紧采样容器塞子,必要时用封口胶、石蜡封口(测油类的水样不能用石蜡封口);②为避免水样在运输过程中震动、碰撞导致损失或者玷污,最好将样瓶装箱,并用泡沫塑料或纸条挤紧;③需冷藏的样品,应配备专门的隔热容器,放入制冷剂,将样品瓶置入其中;④冬季应采取保温措施,以免冻裂样品瓶。

(2)水样的保存

贮存水样的容器可能吸附欲测组分或者玷污水样,因此,要选择性能稳定、杂质含量低的材料制作的容器。常用的容器有硼硅玻璃、石英、聚乙烯和聚四氟乙烯。其中,石英和聚四氟乙烯杂质含量少,但价格昂贵,一般常规监测中广泛使用聚乙烯和硼硅玻璃材质的容器。不能及时运输或尽快分析的水样,则应根据不同监测项目的要求,采取适宜的保存方法。水样的运输时间,通常以24h作为最大允许时间。

①冷藏或冷冻法 冷藏或冷冻的作用是抑制微生物活动,减缓物理挥发和化学反应速度。水样采集后立即放入冰箱或冰水浴中并置于暗处保存,冷藏温度一般是2~5℃,冷藏无法长期保存水样。冷冻的温度一般在-20℃,但要特别注意冷冻过程和解冻过程,不同状态的变化会引起水质的变化,为防止冷冻过程中水的膨胀,不能将水样充满整个容器。

②加入化学试剂保存法 加入生物抑制剂,如在测定氨氮、硝酸盐氮、化学需氧量的水样中加入$HgCl_2$,可抑制生物的氧化还原作用;测定金属离子的水样通常用HNO_3酸化至pH 1~2,既可防止重金属离子水解沉淀,又可以避免金属被器壁吸附;测定汞的水样需加入HNO_3(至pH < 1)和$K_2Cr_2O_7$(0.05%),使汞保持高价态。

保存剂加入的原则是不能干扰其他项目的测定,且不能影响待测物浓度,如果加入的保存剂是液体则更要记录体积的变化。保存剂的纯度最好为优级纯,还应该做相应的空白试验,对测定结果进行校正。

1.2.4 底质(沉积物)样品的采集和保存

1.2.4.1 采样点的设置

采样点的数目根据底质污染调查的要求而定。如做概况调查,河流在排污口下游50~100 m范围内,视水流及淤泥堆积情况设置5~10个采样点。对海域和湖泊来说,按调查范围的大小和污染程度均匀地设置若干个有代表性的采样点,但在排污口附近密度应加大。如做详细调查,河流应在排污口下游按10~50 m的方格布点,海洋与湖泊则按300~500 m的方格网设置采样点,河口淤泥区采样点也应加密。

1.2.4.2 样品的采集

底质采样方法有表层采样和柱状采样。采集表层底泥的工具有蚌式采样器和三角筒采样器。

(1)蚌式采样器

蚌式采样器是一对蚌斗式的铁勺,以绳子挂于活钩上,采样时将采样器沉于水底,当铁勺与水底接触后放松挂绳,活钩即自行脱落,当向上提拉时,绳即将铁钩拉紧,固重力关系铁勺自行夹拢,使底泥夹在勺中。多余的水由铁勺的小孔沉出。待拉离水面后,将底泥倾入容器内。蚌式采样器适宜采集表层松软的底质。

(2)三角筒采样器

三角筒采样器是由不锈钢制成的三角筒,筒口呈向外倾斜的锯齿,三角筒采样器是在船低速航行时以拖曳方式刮取表层样品。三角筒采样器适用于沙质底泥及淤质底泥的取样,采样深度为数厘米。

(3)柱状采样器

适用于采集海底或湖底以下一定深度的柱状样品,在海洋调查中广泛采用的是重力活塞采样器。采样时,用绞车使采样器以常速降至离海底 3~5m 处,然后全速降至海底,立即停车,此后再慢速提升,离底后快速提至水面。测量样管打入沉积物中的深度,然后把样品分层按顺序放在样板上待用。

1.2.4.3 样品的处理及保存

将一部分湿样装入广口瓶中,加入少量 10% 醋酸锌,放入冰箱保存,以备分析硫化物。将一部分试样盛入广口瓶或塑料袋中,置冰箱内,以备其他污染物分析之用。将湿样在室内常温下风干,或放入 40~60℃ 恒温箱中烘干,冷却后磨碎,装入广口玻璃瓶中留作分析用。

1.3 土壤环境样品的采集和保存

土壤样品的采集是指从所研究土壤中采取少量样品作为原始试样,进行化学和物理分析测定,为土壤的调查和研究提供基础数据,从而根据需要进行有效的土壤改良。因此,所采集的试样应该具有较好的代表性,能够代表全部所研究土壤的平均组成。

1.3.1 采样点的设置

土壤样品的采集分为污染样品的采集和背景样品的采集。未受人类污染影响的自然环境中化学元素和化合物的含量称为土壤背景值。土壤样品采样点的设置分为污染土壤样品的布点和背景值的布点。

1.3.1.1 污染土壤样品布点

为了解土壤中污染物的含量分布,在了解污染源、污染方式以及污染历史和污染现状的基础上,对土壤类型、成土母质、地形、植被和农作物等情况进行全面考察后,进行采样点的布设。采样点的布设方式有对角线法、梅花形法、棋盘式法和蛇形法等。

(1)对角线布点采样法

对角线布点法适用于地块不大,形状规则,面积在 12 000~2 000m² 以内地势平坦的污灌区。其布点方法是由田块的进水口向对角引一斜线,将此对角线划分为三等分,将每等分的中央点作为采样点,即每一田块确定 3 个采样点。其布点方式如图 1-8(a)所示。另外,还有一种对角线布点采样方式如图 1-8(b)所示。

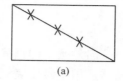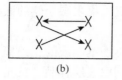

(a)　　　　　　　　　(b)

图 1-8　对角线布点采样法

（2）梅花形布点采样法

这种布点采样法适宜于面积不大、地势平坦、土壤较均匀的田地。一般采样点在 5 ~ 10 个。其布点方式如图 1-9 所示。

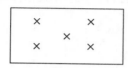
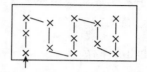

图 1-9　梅花形布点采样法　　　　**图 1-10　棋盘式布点采样法**

（3）棋盘式布点采样法

这种采样法适用于中等面积、地势平坦、地形完整开阔但是土壤比较不均匀的田地。一般采样点要超过 20 个。布点方法如图 1-10 所示。这种采样法也适用于固体废弃物的污染土壤采样。

（4）蛇形布点采样法

这种采样法适用于面积比较大、形状不规则、土壤不均匀的田地。一般采样点比较多，力求采样点分布能代表主要土壤类型及其污染程度。其布点方法如图 1-11 所示。

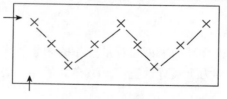

图 1-11　蛇形布点采样法

1.3.1.2　土壤背景值调查布点原则

土壤背景值是指一个较大区域内具有代表性的、未受污染的土壤各种组分的自然含量。因此，调查布点时，首先要在 1:50 万地形图上划出土壤调查区域范围，估计每种土类（或亚类）的面积，确定布点网络的大小和每种土类大致布点数，并在图上标上预定的采样点，按一定顺序编号。布点原则如下：①以主要土壤类型为主，考虑成土品质及地貌单元的不同；②使所布点位对相同土类具有尽量大的代表意义，注意点位相对均匀性，剖面的典型性；③根据各主要土类所占面积比例大小确定采样点多少；④力求远离已知的污染源；⑤满足统计学需要，布点时主要考虑土类，也可布点到亚类甚至到属，但样点不少于 5 个。

1.3.2 样品的采集

1.3.2.1 采样方法

由于土壤的成分分布不均，因此，应按一定方式选取不同点进行采样，以保证所采试样的代表性。采样点的选择方法有多种，如随机性地选择采样点进行随机采样。一般来说，取样份数越多，试样的组成越具有代表性，但耗时耗力多。因此，采样的数量应在达到预期要求的前提下尽可能减少。实际采样中常采用的采样方法如下：

（1）分层采样法

通常以研究土壤发生问题和调查土壤基本成分为目的，需分析研究每个土壤剖面，各层养分含量或者某些化学元素的移动情况。在土壤调查的过程中选择有代表性的地点，按规定挖好坑，确定发生层后，每层采集中间部位，自下而上逐层采集，每层采集的土样大约1kg，以保证足够日后分析使用的量。将土壤装袋，注明土壤的名称、地点、层次、深度及采集日期。

（2）混合采样法

一般以了解植物生长期内的土壤耕层养分或污染物供求情况为目的。采集土样时先根据土壤类型以及土壤差异情况，把土壤划分成若干个采样单元，每个采样单元的土壤要尽可能均匀一致。采集混合样品要按照一定采样线路和随机多点混合的原则，每个采样单元的样点数通常为5~10点或者10~20点。混合土样一般采集耕层土壤，有时为了了解各种土壤肥力差异和自身肥力变化趋势，可以适当采集一些底土的混合样品。混合采样的每一点取样的土样厚度、深浅、宽窄应大约一致。用铁锹或铲子采样时，每个采样点按层垂直向下切取片状土样，然后集中起来混合均匀，凡是接触铁锹、铲子或取样工具的外部土壤，都应该用手剥去，特别是分析重金属项目的土样，应该将与金属采样器接触的部分剥去。

1.3.2.2 采样器

采集土壤样品的采样器常用的有小土铲、环刀和普通土钻。

采集农地或者荒地表层土壤样品适宜用小土铲。小土铲在任何情况下均可以使用，但是因为较费工，在多点混合采样时基本不用。研究土壤的一般物理性质，如土壤容重、孔隙率和持水特性等，可以利用环刀取样。最常用的采样工具是土钻，土钻分为手工操作和机械操作两类。手工操作的土钻样式很多，比如采集浅层土样可以用矮柄土钻；观察1cm左右上层内剖面特征时可以用螺丝头土钻，它进土省力尤其适用于观察地下水位变化，但采集土样量较小；采集供化学分析或不需要原状土的物理分析所用土样时，可以采用开口式土钻；采集不被破坏土壤结构或形状的原状土样，用套筒式土钻。机械采土钻由电动机带动，使钻体进入一定深度的土壤，然后将土柱提升观察，按需要切割采样。

1.3.2.3 采样时间

采集土壤样品的时间要根据采集的对象和目的而定。如果要测定土壤的物理基本形状时，应在早春采样，测定土壤的化学性质随垂直面、地表面和时间的不同而变化，应在同一时间进行采样；如果要调查土壤对植物生长的影响，就需要在不同的植物生长期和收获期均采集土壤和植物样品；如果调查气型污染，至少每年采样一次；如果调查水型污染，要在灌溉前和灌溉后分别取样测定；如果为了测定某种农药残留量，要在当年施用这种农药前进行采集，然后在作物生长的不同阶段及作物成熟期与植物样品同时采集。

1.3.3 样品的制备和保存

（1）风干

除了测定土壤中的某些成分如游离挥发酚、硫化物等在风干过程中会发生显著变化的指标，需要用新鲜样品进行分析外，其他多数项目的样品需要风干后进行测定。风干后的样品更容易混合均匀，分析结果的重复性和准确性较好。从野外采集的土壤样品运到实验室后，为避免受微生物的作用引起发霉变质，应立即将全部样品放在牛皮纸或瓷盘内进行自然风干。当达到半干状态时用有机玻璃棒把土块压碎，剔除碎石和动植物残体等杂物后铺成薄层，在室温下经常翻动，充分风干，要防止阳光直射和尘埃落入。

（2）磨碎与过筛

风干后的土样，用有机玻璃棒或木棒碾碎后过筛，除去筛上的砂砾和植物残体。筛下样品反复按四分法缩分，留下足够供分析用的数量（测量重金属一般约留100g 土样），再用研钵磨细，全部通过 100 目尼龙筛，过筛后的样品充分搅拌均匀，然后放入预先清洗、烘干并冷却后的小磨口玻璃瓶中以备分析用。制备样品时，要注意不要被所要分析的化合物或元素污染，必须避免样品受污染。

（3）保存

一般土样通常要保存半年至一年，以备必要时核查。标样或对照样品则需要长期妥善保存。将风干土样样品或标准土样样品储存于洁净玻璃瓶或聚乙烯容器内。在常温、阴凉干燥、避阳光、密封（石蜡涂封）条件下保存 30 个月是可行的。

1.4 生物样品的采集和保存

1.4.1 植物样品的采集和保存

植物按其目的可以分为两类。一类是营养诊断分析或作物组织分析，在作物的不同生育期采样进行分析，以了解各种养分的积累和转化动态，研究作物对养分的吸收规律以及各个元素直接的协调和拮颉作用，测定作物对土壤中肥料的吸收情况，为科学施肥提供依据。另一类是品质鉴定分析或产品分析，定量分析农作物收获物的有关成分，以评定食品或饲料的营养价值或工业原料的品级。样品的采集原则是有代表性、典型性、适时性，并要防治污染。

1.4.1.1 样品采集、制备及保存

（1）植物组织样品的采集、制备及保存

采集植物组织样品首先要选定样株。样株必须有充分的代表性，按照一定的路线多点采集，组成平均样品。样株的数目要根据作物的种类、株间变异程度、种植密度、株型大小或

生育期以及所要求的准确度来确定。采集的植株样品根据其洁净程度和分析要求来确定是否需要洗涤。一般微量元素的分析和肉眼明显看得见的受到施肥、农药污染的样品需要洗涤。

测定易引起变化的成分用新鲜样品。新鲜样品如需短期保存，必须在冰箱中冷藏，以抑制其变化。测定不易变化的成分用干燥样品。洗净的新鲜样品必须尽快干燥，以减少化学和生物的变化。新鲜样品的干燥主要分两步进行：先将鲜样品在 $80 \sim 90℃$ 鼓风烘箱中烘 $15 \sim 30min$（松软组织烘 $15min$，致密坚实组织烘 $30min$），然后降温至 $60 \sim 70℃$，赶尽水分，时间根据鲜样品的水分含量而定，大约需要 $12 \sim 24h$。

样品烘干之后需要进行研磨。为了使样本组成更为均匀和易于处理，须将烘干的样品去掉灰尘和杂物后剪碎，用磨碎机研磨、粉碎，混合均匀，过筛。样品过筛后混匀，储存于磨口的广口瓶中。

（2）瓜果样品的采集、制备及保存

瓜果是指果实、浆果和块根、茎块等。瓜果的成熟期较长，一般主要在成熟期采样，必要时也可以在成熟过程中取样 $2 \sim 3$ 次。瓜果样品大多用于品质分析。采样株的选择是在每块试验地中采集不少于 10 株簇位相同、成熟度一致的果实组成平均样品。果树的果实在采集时要特别注意选择品种特征典型的样株才能比较各个品种的品质，样株要注意挑选树龄、株型、生长势、载果量等一致的正常株。在同一果园同一品种的果树中大约选 $5 \sim 10$ 株为代表，从每株的全部收获中选取大中小和向阳或背阴的果实共 $10 \sim 15$ 个组成平均样品，通常总重不少于 $1.5kg$。

采回的瓜果样品需要洗净擦干。瓜果和蔬菜分析一般用新鲜样品，有的分析全部果实，有的只分析可食用部分，这要根据分析的目的而定。大的瓜果或者样品数量多的时候，可以均匀地切取其中的一部分，但要使所取部分中各组织的比例与全部样品的比例相当。分析用的样品切碎后要用高速植物组织粉碎机或者研钵打碎成浆状，将浆液混合均匀，从中取样进行分析。多汁的瓜果也可以在切碎后用纱布挤出大部分汁液，残渣粉碎后与汁液混匀，然后取样称量。

新鲜瓜果的短时间内保存需要用冷藏或者酒精浸泡处理，将已经称量的新鲜样品加入足够的热沸中性 $950mL \cdot L^{-1}$ 乙醇中，使其最后浓度约为 $800mL \cdot L^{-1}$，再在水浴上回馏 $0.5h$。瓜果如果需要干燥，则必须尽快处理，以求样品的成分不改变。加速干燥的主要方法是二步烘干法，即将打碎的鲜样先短时间在 $110 \sim 120℃$ 鼓风烘箱烘 $20 \sim 30min$，然后降至 $60 \sim 70℃$烘至变脆易压成粉末为止。但是样品烘干的时间不宜过长，一般短则 $4 \sim 5h$，长则 $8 \sim 10h$。最好使用真空干燥箱。

（3）籽粒样品的采集、制备及保存

籽粒样品多用于品质分析。籽粒样品有的来自个别植株，有的采自试验小区或大田地块，有的来自大批收获物。谷类或豆类个别植株的种子须全部留作样品。从试验区或大田采样时，可按照组织样品的采集方法，选定样株后脱粒、混匀，四分法缩分后取约 $250g$ 样品。颗粒大的籽粒如花生、向日葵、蓖麻、棉籽等可取 $500g$ 左右。从成批粮食取样时，在保证样品有代表性的原则下，可在散装堆中随机选点取样，或可从包装袋中随机选取原始样品，再用四分法或分样器缩分至 $500g$ 左右。将采集的籽粒样品进行风干，样品风干后，除去杂质和不完整粒，用磨样机或研钵磨碎，过筛后贮于袋中或广口瓶中，贴好标签。

1.4.1.2 样品含水率的测定

所有分析结果的计算，常常以干重作为比较各个样品间某成分的基础，用 $mg \cdot kg^{-1}$ 来表示。因此，需要再制备新鲜且干燥样品的时候，同时测定水分的含量。测定水分含量最常用的方法是烘干法，即称取一定量的新鲜分析样品在 $100 \sim 105℃$ 烘干至恒重，用失重来计算含水量。某些样品中含有大量因加热而分解的成分，可在真空干燥箱中用低温烘至恒重。一些含水分很高（80% ~90%）的样品如浆果、幼嫩蔬菜等，在采集后就有相当的水分被蒸发，往往造成很大误差，因此，这类样品用鲜重计算结果较好，或附记水分含量作为参考。

1.4.2 水生生物采样

（1）浮游生物的采样

浮游生物的采样站的设置要具有代表性。对于河流、宽度不超过 50m 时，在河中心线上设置一个采样站；宽度在 50 ~100m 时，在河流的左、右两个半边各设一个采样站，即设两个采样站；宽度大于 100m 时，在一个断面上设置 3 个采样站，即在中心及左右各设一个采样站，断面之间距离视水体的形态变化而确定。

在采集浮游生物的时候，除了考虑水平分布上的差异以外，还要考虑到垂直分布上也有所不同，所以需要采集混合水样。根据水深，采集的水样层次越多就越具有代表性，一般每隔 0.5 ~1m 或者 2m 采集一次。采取等量的水样加以混合，然后取出其中的一部分进行使用。采集水样的量要根据不同的浮游生物在水中含量的多少，通常对水中高密度的原生动物、轮虫，采水量约 1 ~5L，对于水中密度低的甲壳类生物，采水量要相对多一些，一般采集 10 ~15L 甚至更多。水深不超过 2m 时采集混合水样，超过 2m 时分层取样。

采集浮游生物的工具是网具，网具分为定性网和定量网。定性网由黄铜环及缝在环上的圆锥形筛网袋组成，末端有一个浮游生物集中环，用筛网在水体表上层呈 ∞ 字形捞取，捞取时间根据生物量的多少一般为 1 ~3min。定量网的网前端有两个金属环，前小后大，两环之间有一圈帆布，称为上锥部，其功能是减少拽网时浮游生物向外的流失。

浮游生物样品的保存方法是：如果要观察活体标本，应该迅速地进行，且不要蘸有固定液，如果不是立即进行活体观察，则需要用 5% 的福尔马林液固定。

（2）着生藻类的采样

对浮游生物进行监测受采样工具、水样浓缩等因素影响，较为复杂。由于在天然基质上采集非常困难，一般都用人工基质进行，通过测定人工基质上着生藻类的种类和数量来评定水质状况。广泛采用的人工基质是载玻片。采样时可以将载玻片固定于挂片架上，挂片架可拴在航标、船及其他水体固着物上。载玻片放置的深度一般在水面以下 5 ~10cm 或 20 ~30cm，以使载玻片可受到合适的光照。挂片 2 周后，刮下载玻片上着生的藻类，反复冲洗，最后用蒸馏水或者采样点的水稀释到一定的水量。

（3）底栖动物的采样

常规底栖动物采样与底泥采样一样，也是用蚌式采泥器，只是底栖动物采样时，应计算单位体积泥样中的生物量。

①定性采样 在急流浅水区，如水深不及 50cm 时，可将石块及砾石捞出，用镊子轻轻

取下标本，放入瓶内固定。水深超过 50cm 时，或者底质为泥沙时，可以随机用三角拖网拖拉一段距离或手抄网取样，经过 0.45mm（40 目）分样筛，将标本挑出，用 70% 酒精或 5% 福尔马林固定。

②定量采样　定量采样的采样器有采泥器和人工基质采样器。

a. 采泥器（即蚌式采泥器）：采泥器适用于淤泥底质和砂泥底质，其原理是利用采集工具本身具有的重量，沉入水底，取出一定面积的底泥，从而推算某一水体中底栖生物的数量，适用于采集昆虫幼虫和寡毛类及小型软体动物。

b. 人工基质采样器：这种采样不受河流底质的限制，能采到未成熟的昆虫、苔藓虫、腔肠动物和其他较大无脊椎动物。每个采样点的底部放置两个铁笼，用棉蜡绳或尼龙绳固定在桥墩、航标和木柱上，放置深度为 2m 左右，两周后取出。把卵石倒入盛有少量水的桶内，用猪毛刷洗净卵石和筛绢上的附着物，再用 0.45mm 分样筛过滤挑出标本洗净，固定液同定性标本。

第 **2** 章

大气环境化学

2.1 基础性实验

实验 **1** 大气颗粒物中水溶性无机离子的浓度水平特征

大气颗粒物对气候、环境和人体健康等都存在重要的影响，而水溶性无机离子是其中的重要组成部分，其浓度和组成对大气能见度、云凝结核和降水等都有很大影响，而且涉及跨区域污染等问题，越来越引起人们的广泛关注。水溶性无机离子对气候、环境和人体的影响也与其粒径有很大的关系，不同粒径的水溶性无机离子影响能力也会有很大差别。因此，研究不同粒径段水溶性无机离子对深入了解颗粒物的环境行为至关重要。

【实验目的】

使学生掌握不同粒径大气颗粒物中水溶性无机离子的采集、分析方法，了解大气颗粒物中水溶性无机离子的浓度水平和粒径分布特征，了解上述组分的来源。

【实验原理】

大气颗粒物中水溶性无机离子包括硫酸根离子、硝酸根离子、氯离子、磷酸根离子、钾离子、钠离子、钙离子、镁离子等，可以通过大气样品的采集、用蒸馏水提取、离子色谱测定等程序确定这些水溶性无机离子的浓度。然后计算出它们在大气中的浓度水平。不同粒径大气颗粒物的采集是采用撞击式原理将颗粒物分为不同的粒径段、分别用滤膜收集的方法。

【仪器和试剂】

1. 仪器

（1）大气颗粒物采样器。

（2）抽滤瓶。

（3）抽滤瓷漏斗。

（4）滤膜。

（5）抽滤泵。

（6）塑料储存瓶。

（7）离子色谱。

（8）滤膜。

（9）剪刀。

（10）白棉手套。

（11）锡纸。

（12）封口三角瓶。

（13）超声振荡器。

2. 试剂

离子色谱标准溶液。

【实验步骤】

（1）将大气颗粒物分级采集器放置于空旷地面，在采样头中安装采样滤膜。

（2）接通电源，调节采样流量。

（3）按下采样器按钮开始采样，记录采样开始时间。

（4）1h 后结束采样，关闭采样器电源，取下滤膜保存。

（5）将滤膜用剪刀剪碎后放置于封口三角瓶中用 30mL 蒸馏水分 3 次超声震荡提取。

（6）将提取后的溶液用抽滤器过滤后保存。

（7）用离子色谱分析样品溶液中的离子浓度，包括硫酸根离子、硝酸根离子、氯离子、磷酸根离子、钾离子、钠离子、钙离子、镁离子等。

（8）计算上述组分在大气中的浓度。

【数据处理】

采集样品中该组分的总质量 m = 提取液中该组分的浓度 C × 提取液的体积 V

大气中该组分的浓度 = 该组分总质量 m/采样体积 V

采样体积 V = 采样流量 × 采样时间（此处忽略对体积的校正）

思考题

大气颗粒物中的硫酸根、硝酸根、氯离子、磷酸根离子、钾离子、钠离子、钙离子、镁离子等来源有哪些？

实验 2　环境空气中氮氧化物（NO 和 NO_2）的浓度日变化规律

NO 和 NO_2 是大气中主要的含氮污染物，通常统称为氮氧化物（NO_x）。NO_x 对呼吸道和呼吸器官有较强的刺激作用，会严重危害健康，还会影响植物的光合作用。另外，NO_x 还是导致大气光化学污染的重要污染物质，也是形成酸雨的原因之一。在城市近地面大气中，NO_x 主要由人类活动排放。它们的人为来源主要是燃料的燃烧过程。燃烧源可分为流动燃烧源和固定燃烧源。机动车尾气排放大量的 NO，排放出的 NO 会很快被空气中的氧化剂氧化为 NO_2，因此，道路空气中 NO_x 的含量与车流量密切相关，而汽车流量往往随时间变化，导致空气中 NO_x 的含量也随之变化。

【实验目的】

1. 掌握大气中 NO 和 NO_2 浓度测定的基本原理和方法。

2. 绘制空气中 NO 和 NO_2 的浓度日变化曲线，了解两者间变化规律的异同。

【实验原理】

空气中 NO 和 NO_2 的测定参照国家标准（HJ 479—2009）《环境空气氮氧化物（一氧化氮和

二氧化氮)的测定——盐酸萘乙二胺分光光度法》：采用空气采样器采集空气样品，空气中的二氧化氮被串联的第一支吸收瓶中的吸收液吸收并反应生成粉红色偶氮染料。空气中的一氧化氮不与吸收液反应，通过氧化管时被酸性高锰酸钾溶液氧化为二氧化氮，被串联的第二支吸收瓶中的吸收液吸收并反应生成粉红色偶氮染料。生成的偶氮染料在波长 540 nm 处的吸光度与二氧化氮的含量成正比。分别测定第一支和第二支吸收瓶中样品的吸光度，计算两支吸收瓶内二氧化氮和一氧化氮的质量浓度，两者之和即为氮氧化物的质量浓度(以 NO_2 计)。

【仪器和试剂】

1. 仪器

(1)空气采样器：流量为 $0 \sim 1.0 L \cdot min^{-1}$。

(2)采样连接管：硼硅玻璃、不锈钢、聚四氟乙烯或硅橡胶管，内径约 6mm，不超过 2m，尽可能短，空气入口朝下。

(3)棕色多孔玻板吸收瓶：2 个，10mL，液柱不低于 80mm。

(4)氧化瓶：10mL，液柱不低于 80mm。较适用的参考吸收瓶和氧化瓶分别如图 2-1(a)和(b)所示。

(5)分光光度计。

(6)比色管：10mL。

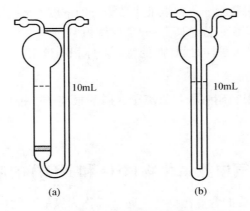

图 2-1　多孔玻板吸收瓶和氧化瓶示意
(a)多孔玻璃吸收瓶　(b)氧化瓶

2. 试剂

(1)N-(1-萘基)乙二胺盐酸盐储备液质量浓度：$1.00 g \cdot L^{-1}$。称取 0.50g N-(1-萘基)乙二胺盐酸盐 $[C_{10}H_7NH(CH_2)_2NH_2 \cdot 2HCl]$ 于 500mL 棕色容量瓶中，用水溶解稀释至刻度。冰箱冷藏保存。

(2)显色液：称取 5.0g 对氨基苯磺酸 $[NH_2C_6H_4SO_3H]$ 溶解于约 200mL 热水中，冷却至室温后转移至 1000mL 容量瓶中，加入 50mL N-(1-萘基)乙二胺盐酸盐储备液和 50mL 冰乙酸，用水稀释至刻度。贮于密闭的棕色瓶中暗处保存。若溶液呈现淡红色，应弃之重配。

(3)吸收液：使用时，将显色液和水按 4:1 的体积比混合即得吸收液。

(4)亚硝酸盐标准储备溶液：质量浓度 $250 mg \cdot L^{-1}$。准确称取 0.375g 亚硝酸钠

（NaNO$_2$），优级纯，预先在干燥器内放置 24h，溶于水，移入 1000mL 容量瓶中，用水稀释至标线。溶液贮存于密闭棕色瓶中暗处储存。

（5）亚硝酸盐标准工作溶液：质量浓度 2.5mg·L^{-1}。吸取亚硝酸盐标准储备液 1.00mL 于 100mL 容量瓶中，用水稀释至标线。使用时现配。

（6）硫酸溶液浓度：取 15mL 0.5mol·L^{-1}浓硫酸，缓慢加入 500mL 水中。

（7）酸性高锰酸钾溶液：称取 25g 高锰酸钾，稍微加热使其全部溶解于 500mL 水中，然后加入 0.5mol·L^{-1}的硫酸溶液 500mL，摇匀。贮存于棕色试剂瓶中。

（8）所有试剂均用不含亚硝酸根的蒸馏水或同等纯度的水配制。必要时蒸馏水可在全玻璃蒸馏器中加少量高锰酸钾和氢氧化钡重蒸。水纯度的检验方法：用实验用水配制的吸收液的吸光度不超过 0.005（540~545nm），10mm 比色杯，水为参比。

【实验步骤】

1. 氮氧化物的采集

取两支内装 10.0mL 吸收液的多孔玻板吸收瓶和一支内装 5~10mL 酸性高锰酸钾溶液的氧化瓶（液柱不低于 80mm），用尽量短的硅橡胶管将氧化瓶串联在两支吸收瓶之间，整个取样（又称采样）系统的连接如图 2-2 所示。以 0.4 L·min^{-1}流量采气 30min。取样高度为 1.5m，采集交通干线空气中的氮氧化物时，应将取样点设在人行道上，同时统计汽车流量。若氮氧化物含量很低，可增加取样量，避光取样至吸收液呈浅玫瑰色为止。

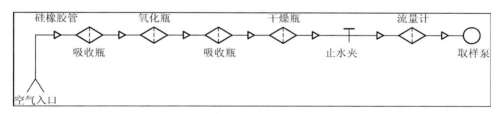

图 2-2 氮氧化物取样装置的连接

取样时当发现氧化瓶中有明显的沉淀物析出时，应及时更换。

取样结束时，为防止溶液倒吸，应在取样泵停止抽气的同时，闭合连接在取样系统中的止水夹。

记录取样时间和地点，根据取样时间和流量，算出取样体积。根据当地交通情况，可把 1d 分成几个时段取样：7:30~8:00、10:00~10:30、12:00~12:30、15:00~15:30。注意，至少包括一个完整的交通高峰。

2. 氮氧化物的测定

（1）标准曲线的绘制

取 6 支 10mL 具塞比色管，按表 2-1 配制亚硝酸盐标准溶液系列。

将各管摇匀，于暗处放置 20min（室温低于 20℃以下放置 40min），以蒸馏水为参比，用 10mm 比色皿，在波长 540~545nm 处测定吸光度。用最小二乘法建立吸光度与质量浓度（mg·L^{-1}）间的线性相关关系（即标准曲线的线性回归方程）。

表 2-1　标准溶液系列

编　号	0	1	2	3	4	5
标准工作溶液/mL	0.00	0.40	0.80	1.20	1.60	2.00
水/mL	2.00	1.60	1.20	0.80	0.40	0.00
显色液/mL	8.00	8.00	8.00	8.00	8.00	8.00
质量浓度/($mg \cdot L^{-1}$)	0	0.10	0.20	0.30	0.40	0.50

（2）样品的测定

采样后放置 20min（室温低于 20℃放置 40min），用水将采样瓶中吸收液的体积补充到标线，混匀，与标准曲线同法测定吸光度。若样品的吸光度超过标准曲线的上限，应用空白吸收液稀释，再测定其吸光度。采样后应尽快测定样品的吸光度。若不能及时测定，应将样品于低温暗处存放。

【数据处理】

空气中二氧化氮质量浓度 ρ_{NO_2}（$mg \cdot m^{-3}$）按式（2-1）计算：

$$\rho_{NO_2} = \frac{(A_1 - A_0 - a) \times V \times D}{b \times f \times V_0} \tag{2-1}$$

空气中一氧化氮质量浓度 ρ_{NO}（$mg \cdot m^{-3}$）以二氧化氮（NO_2）计，按式（2-2）计算：

$$\rho_{NO} = \frac{(A_1 - A_0 - a) \times V \times D}{b \times f \times V_0 \times K} \tag{2-2}$$

ρ'_{NO}（$mg \cdot m^{-3}$）以一氧化氮（NO）计，按式（2-3）计算：

$$\rho'_{NO} = \frac{\rho_{NO} \times 30}{46} \tag{2-3}$$

空气中氮氧化物的质量浓度 ρ_{NO_x}（$mg \cdot m^{-3}$）以二氧化氮（NO_2）计，按式（2-4）计算：

$$\rho_{NO_x} = \rho_{NO_2} + \rho_{NO} \tag{2-4}$$

式中　A_1，A_2——串联的第一支和第二支吸收瓶中样品的吸光度；

　　　　A_0——实验室空白的吸光度；

　　　　b——标准曲线的斜率，吸光度（$mL \cdot \mu g^{-1}$）；

　　　　a——标准曲线的截距；

　　　　V——采样用吸收液体积（mL）；

　　　　V_0——换算为标准状态（101.325 kPa，273 K）下的采样体积（L）；

　　　　K——NO→NO_2氧化系数，0.68；

　　　　D——样品的稀释倍数；

　　　　f——Saltzman 实验系数，0.88（当空气中二氧化氮质量浓度高于 0.72 $mg \cdot m^{-3}$时，f 取值 0.77）。

思考题

1. 氮氧化物与光化学烟雾有什么关系？

2. 评价环境空气中氮氧化物的污染状况。

3. 环境空气中 NO_2、NO 和 NO_x 的浓度变化曲线反映了什么问题？

实验 3　降水酸度测定，了解降水的酸化过程

酸雨是指 pH 小于 5.6 的雨雪或其他形式的降水。雨、雪等在形成和降落过程中，吸收并溶解了空气中的二氧化硫、氮氧化合物等物质，形成了 pH 低于 5.6 的酸性降水。酸雨主要是人为的向大气中排放大量酸性物质所造成的。中国的酸雨主要因大量燃烧含硫量高的煤而形成的。此外，各种机动车排放的尾气也是形成酸雨的重要原因。我国一些地区已经成为酸雨多发区，酸雨污染的范围和程度已经引起人们的密切关注。酸雨危害是多方面的，包括对人体健康、生态系统和建筑设施都有直接和潜在的危害。酸雨可导致土壤酸化、造成植物铝中毒；酸雨尚能加速土壤矿物质营养元素的流失；改变土壤结构，导致土壤贫瘠化，影响植物正常发育；酸雨还能诱发植物病虫害，使农作物大幅度减产；酸雨可对森林植物产生很大危害。因此，对大气降水酸度的监测和控制，具有重要意义。

【实验目的】

1. 学习和掌握降水量、降水 pH 值和电导率的测定方法。

2. 掌握 pH 计、电导仪的使用方法。

3. 了解酸雨的定义，酸性的产生和危害，加深对酸雨酸性的理解。

【实验原理】

酸性降水形成原理：天然水和大气中的二氧化碳溶解平衡时溶液的 pH = 5.6，当降水的 pH < 5.6 时称为酸雨。

pH 计原理：酸度计(也称 pH 计)是用来测量溶液 pH 值的仪器。面板构造有刻度指针显示和数字显示两种。

酸度计测 pH 值的方法是电位测定法。它除测量溶液的酸度外，还可以测量电池电动势(mV)。主要由参比电极(甘汞电极)，指示电极(玻璃电极)和精密电位计三部分组成。测量时用玻璃电极作指示电极，饱和甘汞电极(SCE)作参比电极，组成电池。

酸度计是利用 pH 复合电极对被测溶液中氢离子浓度产生不同的直流电位通过前置放大器输入到 A/D 转换器，以达到 pH 测量的目的，最后由数字显示 pH 值。

【仪器和试剂】

(1)虹吸式雨量计。

(2)pH 计。

(3)锥形瓶。

(4)温度计。

(5)玻璃棒。

(6)烧瓶 50mL。

【实验步骤】

1. 雨水收集

用干净的容器收集雨水。收集之前将容器用去离子水清洗干净并晾干后密封备用。

2. pH 值测定

(1)pH 计及电极的使用按说明书进行。

(2)pH 计校正。

a. 电极的玻璃球在水中浸泡后，用滤纸揩干。

b. 用标准溶液 A 冲洗电极 3 次后，将电极浸入标准溶液 A 中，摇动溶液，待读数稳定 1min 后，调整 pH 计的指针，使其位于该标准溶液在测量温度 pH 值处。

c. 分别用标准溶液 B 和 C 按上面方法校正 pH 计。

（3）量取足量实验室样品，作为试料盛入烧杯。

（4）用水和试料先后冲洗电极，然后将电极浸入试料中，摇动溶液，待读数稳定 1min 后，读出 pH 值。

【数据处理】

将测得的降水 pH 值列表，分析所测样品中雨水的 pH 值，判断该地区是否发生了酸性沉降。

思考题

1. 结合本地酸性污染物排放情况，及所测雨水的 pH 值，分析影响酸雨形成的因素。

2. 减少和预防酸雨形成的措施有哪些？

实验 4　大气中苯系物的测定

苯为无色透明油状液体，具有强烈的芳香气味，易挥发为蒸气，易燃有毒。甲苯、二甲苯属于苯的同系物，都是煤焦油分馏或石油的裂解产物。室内装饰中多用甲苯、二甲苯代替纯苯作各种胶油漆涂料和防水材料的溶剂或稀释剂。目前，苯系化合物已经被世界卫生组织确定为强烈致癌物质。因此，研究环境中苯系物的存在、来源、分布规律、迁移转化及其对人体健康的影响一直受到人们的重视，并成为国内外研究的热点。

【实验目的】

1. 了解苯系物的成分、特点。

2. 了解气相色谱法测定环境中苯系物的原理，掌握其基本操作。

【实验原理】

将空气中苯、甲苯、乙苯、二甲苯等挥发性有机化合物吸附在活性炭采样管上，用二硫化碳洗脱后，经色谱柱分离，火焰离子化检测器测定，以保留时间定性，峰高（或峰面积）外标法定量。

【仪器和试剂】

1. 仪器

（1）容量瓶：5mL、100mL。

（2）移液管：1mL、5mL、10mL、15mL、20mL。

（3）微量注射器：10μL。

（4）带火焰离子化检测器（FID）气相色谱仪。

（5）空气采样器：流量范围 $0.0 \sim 1.0 \, L \cdot min^{-1}$。

（6）采样管：取长 10cm，内径 6mm 玻璃管，洗净烘干，每支内装 20 ~ 50 目粒状活性炭 0.5g（活性炭应预先在马弗炉内经 350℃ 高纯氮灼烧 3h，放冷后备用）。

2. 试剂

（1）苯、甲苯、乙苯、邻二甲苯、对二甲苯、间二甲苯均为色谱纯试剂。

（2）二硫化碳：使用前须纯化，并经色谱检验。进样 5μL，在苯与甲苯峰之间不出峰方可使用。

（3）苯系物标准储备液：分别吸取苯、甲苯、乙苯、邻二甲苯、间二甲苯、对二甲苯各 10.0μL 放于装有 90mL 经纯化的二硫化碳的 100mL 容量瓶中，用二硫化碳稀释至标线，再取上述标液 10.0mL 放于装有 80mL 纯化过的二硫化碳的 100mL 容量瓶中，并稀释至标线，摇匀，此储备液在 4℃可保存 1 个月。此储备液含苯 8.8μg · mL^{-1}，乙苯 8.7μg · mL^{-1}，甲苯 8.7μg · mL^{-1}，对二甲苯 8.6μg · mL^{-1}，间二甲苯 8.7μg · mL^{-1}，邻二甲苯 8.8μg · mL^{-1}。

储备液中苯系物含量计算公式如下：

$$\rho_{苯系物} = 10/10^5 \times 10/100 \times \rho \times 10^6$$

式中 $\rho_{苯系物}$ 为苯系物浓度（μg · mL^{-1}）；ρ 为苯系物的密度（g · mL^{-1}）。

【实验步骤】

1. 采样

用乳胶管连接采样管 B 端与空气采样器的进气口。A 端垂直向上，处于采样位置。以 0.5L · min^{-1} 流量，采样 100~400min。采样后，用乳胶管将采样管两端套封，样品放置不能超过 10d。

2. 标准曲线的绘制

分别取苯系物储备液 0、0.5mL、10.0mL、15.0mL、20.0mL、25.0mL 于 100mL 容量瓶中，用纯化过的二硫化碳稀释至标线，摇匀，其浓度见表 2-2。另取 6 只 5mL 容量瓶，各加入 0.25g 粒状活性炭及 1~6 号的苯系物标准液 2.00mL，振荡 2min，放置 20min 后，进行色谱分析。色谱进行条件如下：

色谱柱：长 2m，内径 3mm 不锈钢柱，柱内填充涂附 2.5% DNP 及 2.5% Bentane 的 Chromosorb WHP DMCS；柱温：64℃；气化室温度：150℃；检测室温度：150℃；＞载气（氮气）流量：50mL · min^{-1}；燃气（氢气）流量：46mL · min^{-1}；助燃气（空气）流量：320mL · min^{-1}；进样量 5.0μL。测定标样的保留时间及峰高（或峰面积），以峰高（峰面积）对含量绘制标准曲线。

3. 样品测定

将采样管 A 段和 B 段活性炭，分别移入 2 只 5mL 容量瓶中，加入纯化过的二硫化碳 2.00mL，振荡 2min。放置 20min 后，吸取 5.0μL 解吸液注入色谱仪，记录保留时间和峰高（或峰面积），以保留时间定性，峰高（或峰面积）定量。

表 2-2　苯系物标准溶液的配制

编　号	1	2	3	4	5
苯系物标准储备液体积/mL	0	5.0	10.0	15.0	20.0
稀释体积/mL	100	100	100	100	100
苯溶液的标准浓度/（μg · mL^{-1}）	0	0.44	0.88	1.32	1.76
甲苯溶液的标准浓度/（μg · mL^{-1}）	0	0.44	0.87	1.31	1.74
乙苯溶液的标准浓度/（μg · mL^{-1}）	0	0.44	0.87	1.31	1.74
邻二甲苯溶液的标准浓度/（μg · mL^{-1}）	0	0.44	0.88	1.32	1.76
间二甲苯溶液的标准浓度/（μg · mL^{-1}）	0	0.44	0.87	1.31	1.74
对二甲苯溶液的标准浓度/（μg · mL^{-1}）	0	0.43	0.86	1.29	1.72

【数据处理】

根据下式计算苯系物各成分的浓度：

$$\rho_{苯系物} = (W_1 + W_2)/V_n \tag{2-5}$$

式中　ρ——苯系物浓度（mg·m^{-3}）；

W_1——A 段活性炭解吸液中苯系物的含量（μg）；

W_2——B 段活性炭解吸液中苯系物的含量（μg）；

V_n——标准状况下的采样体积（L）。

思考题

1. 根据测定的结果，评价环境空气中苯系物的污染状况。

2. 除气相色谱外，苯系物还有哪些测定方法，它们各有哪些特点？

实验 5　大气中挥发性有机物的光解

所谓大气中的可挥发性有机物（VOC）是指在常温（20℃）常压（10^{5}Pa ＝760Torr）下在大气中的蒸气压超过 0.13 Pa（约 10^{-3}Torr）的有机物。清洁的和污染的对流层大气中含有许多有机物，其中包括烷烃、烯烃、炔烃、芳香烃及它们的含氧、氮、硫、卤素的衍生物。它们能够被大气中的自由基（HO，Cl 等）或者氧化性物质（O$_3$，NO$_3$）氧化，同时导致大气中更多的自由基的生成，既而又引起更多的化学反应。这些化学反应会显著地改变当地大气的物理、化学和生物的性质，影响空气质量，从而影响人类生存环境。因此，有机物的大气化学反应越来越受到重视。此外，有机物的反应比无机物更为复杂，往往进行多步以致构成一个链反应体系，因此，大气中的有机物活跃了整个大气。有机物在大气中的反应主要是与 HO 自由基、O$_3$ 和 NO$_3$ 的反应。

【实验目的】

1. 了解挥发性有机物光解的机理。

2. 了解挥发性有机物光解的模拟装置的使用，掌握其基本操作。

【实验原理】

大气中的有机物除了与 HO 自由基反应外，也能光解，是大气中一些自由基的重要的前体物。所以它也是城市及局域地区 O$_3$ 及其他光化学氧化物形成的重要途径。

比如，甲醛在大气中吸收 290～370nm 波长范围内的光，并进行两条途径的光分解：

$$HCHO + h\nu \longrightarrow HCO + H \quad \lambda \leqslant 370nm$$
$$\longrightarrow CO + H_2 \quad \lambda \leqslant 370nm$$

其中第一个反应途径尤其重要，生成的 HCO 和 H 自由基能很快与 O$_2$ 反应生成 HO$_2$，是大气中 HO$_2$ 的主要来源，因而也是 HO 的来源：

$$H + O_2(+M) \longrightarrow HO_2$$
$$HCO + O_2 \longrightarrow HO_2 + CO$$
$$HO_2 + NO \longrightarrow HO + NO_2$$

同样的，乙醛在大气中的光解有 3 条可能途径：

$$CH_3CHO + h\nu \longrightarrow CH_3 + HCO$$

$$\longrightarrow CH_4 + CO$$
$$\longrightarrow CH_3CO + H$$

生成的 HCO 自由基和 H 自由基通过与 O_2 反应生成 HO_2 自由基以及随后生成 HO 自由基；CH_3 自由基能够通过与 O_2 反应生成过氧自由基，随后与 NO 和 O_2 反应生成 HCHO 和 HO_2 自由基；CH_3CO 自由基能够与 O_2 反应，然后与 NO_2 反应生成过氧乙酰基硝酸酯（PAN）或者分解：

$$CH_3CO + O_2 + NO_2 \longrightarrow CH_3C(O)O_2NO_2$$
$$CH_3CO + O_2 + NO \longrightarrow CH_3 + CO_2 + NO_2$$

大气中有机物光解离的产物主要是自由基，由于这些自由基的存在，使大气中化学反应活跃，诱发或参与其他反应，使一次污染物转化为二次污染物。

【仪器和试剂】

1. 仪器

(1) 聚四氟乙烯气袋。

(2) 烟雾箱。

(3) 气相色谱（GC-FID）。

(4) 紫外灯。

2. 试剂

丙酮（99.9%）。

【实验步骤】

将 200L 聚四氟乙烯材料的透明气袋置于一个木箱内。木箱内壁安装 12 支低压汞灯。箱内壁衬有反射铝箔，可以提高紫外光利用率，同时防止紫外线泄露和外界光线进入。箱子四周安装有直径约 7mm 的管道，中间均匀分布小孔，在实验过程中，当紫外光开始照射的时候，管道中通有空气自小孔中排出，以降低箱内温度，保持正常室温。在箱顶安装有排气扇，不但可以降低箱内温度，而且将箱内产生的废气排入废气管道排出室外（图 2-3）。

1. 被测气体的导入

被测气体由配气装置导入。配气装置由定量瓶，缓冲管，压力表以及真空泵等装置组成。定量瓶有 3 个开口，其中一个开口连接纯净空气，另一个开口连接气袋，最后一个开口连接另一缓冲玻璃管，玻璃管内的气体压力由压力表测定，缓冲玻璃管连接真空泵。实验

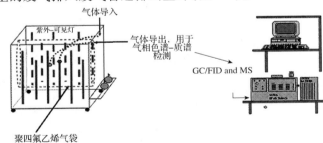

图 2-3 烟雾箱模拟实验

前，用空气清洗聚四氟乙烯气袋 2 次，然后抽空气袋，向气袋中充入 40L 纯净空气。抽空配气部分压力至 0.2Torr 左右，关闭定量瓶连接气袋和纯净空气的开口，将目标气体以一定的压力充满体积已知的定量瓶和缓冲管，待压力表读数稳定后关闭定量瓶和缓冲管之间的连接。打开定量瓶连接纯净空气的开口，使纯净空气以一定的速度（10L·min⁻¹）冲过定量瓶，同时打开定量瓶连接气袋的接口，使空气将目标气体带入气袋，充入 20L 空气。

2. 气体的检测

充气完成后，抖动气袋使气体混合均匀。利用气相色谱—质谱（GC-MS，FID）来测定气袋中

的被测物质的含量，柱温控制在 80℃，将气袋内的混合气体静置 1h，检测其浓度的稳定性。然后用紫外光照射，同时在木箱四周的管道内充入空气，保持箱内温度在室温状态。此时有机物进行光解，通过气相色谱可以观察到反应物浓度的降低，以及新物质（产物）的产生。

【数据处理】

根据定量瓶中的体积及测得的压力、聚四氟乙烯袋的体积，根据公式 $P_1 V_1 = P_2 V_2$，计算所测气体的体积浓度。利用气相色谱—质谱数据、根据体积浓度-色谱峰面积数据获得所测气体的浓度变化数据。

思考题

1. 空气中的挥发性有机物来源有哪些？
2. 丙酮的光解途径有哪些？

2.2　综合性实验

实验 6　环境空气中烯烃（异戊二烯）与臭氧的反应

臭氧在对流层中是重要的氧化剂，它一部分来源于大气平流层的输送，还有一部分是由挥发性有机物和氮氧化物发生光化学反应而产生。近年来，随着空气中氮氧化物浓度的升高，低层大气中的臭氧浓度有了明显的增加，以臭氧为代表的二次污染物也已经成为大气环境污染重点控制污染物之一，臭氧也列为空气质量标准中必须要监测的一项指标。

烯烃由于其不饱和键的存在而成为空气的非甲烷烃中性质活泼的一类物质，可以与低空大气中的臭氧发生反应，是低空大气中臭氧消耗的一种途径。虽然臭氧与烯烃的反应速率小于 HO 等自由基与烯烃的反应速率，但由于臭氧在大气中的含量要比自由基 HO 大得多，使得烯烃与臭氧的反应变得比较重要。因此，了解大气中臭氧与烯烃的反应，对于深入了解大气中主要污染物的迁移转化规律以及控制这些大气污染物的污染都具有重要的意义。异戊二烯是植物排放的最主要的一类化合物，约占全球大气非甲烷烃的 20%～60%。由于其性质活泼，对于低空大气臭氧浓度升高贡献很大，因此，一直受到人们关注。

【实验目的】

1. 掌握大气化学反应模拟及其反应动力学研究的基本方法。
2. 了解气相色谱—质谱联用仪（GC-MS）的使用和定性分析方法。

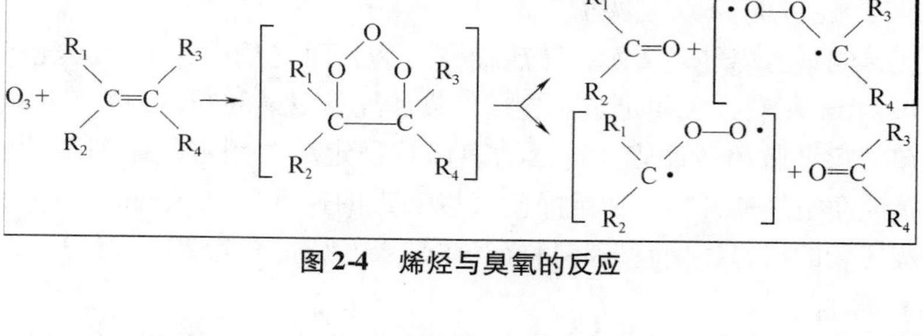

图 2-4　烯烃与臭氧的反应

【实验原理】

臭氧与烯烃的反应机理是臭氧加成到烯烃的双键上,生成一分子的臭氧化物,然后迅速分解形成一个羰基化合物和一个双自由基(图2-4)。双自由基能量很高,不稳定,可以进一步分解,生成如 CO、CO_2、H_2O、H_2、H^-、CH_4、CH_3^-、$HCOOH$、HCO^-、CH_3O^- 等小分子物质或自由基,并可发生进一步反应。

本实验以聚四氟乙烯反应模拟箱为模拟反应装置,以异戊二烯为烯烃的代表,在实验室中模拟天然大气中烯烃与臭氧的反应过程,并分析臭氧与烯烃的反应动力学过程。

【仪器和试剂】

1. 仪器

(1)气相反应模拟箱:体积 $1 \sim 2m^3$,用聚四氟乙烯膜制作。

(2)气相色谱—质谱联用仪,氢火焰离子化检测器。

(3)臭氧发生器。

(4)配气系统。

2. 试剂

(1)异戊二烯:色谱纯。

(2)氮气;高纯。

(3)氧气:高纯。

(4)甲醇:优级纯。

【实验步骤】

1. 配气

根据反应器的体积及异戊二烯的体积比(约为 $50\mu L \cdot L^{-1}$),计算得到配气系统中异戊二烯应该达到的压力值。配气系统由一个玻璃瓶及压力计构成。先把玻璃瓶抽真空,用压力计控制真空度。然后用高纯氮冲洗,反复 $4 \sim 5$ 次。将装有异戊二烯的试剂瓶与配气系统连接,打开试剂瓶的开关,异戊二烯冲入到配气系统中,此时系统中压力逐渐升高,达到预定压力值。

在反应器中冲入一定体积的氮气后,将配气系统中的异戊二烯用氮气冲入反应系统中,使得异戊二烯的体积比约为 $50\mu L \cdot L^{-1}$。抽取反应器中的样品,用气相色谱测定反应前的异戊二烯的浓度。

2. 反应过程与产物

打开连接在反应箱上的臭氧发生器,以高纯氧为气源,向反应瓶中注入含臭氧的氧气。根据臭氧发生器出口的臭氧含量、流量和时间估算体系中的臭氧含量。臭氧取高低两个含量,分别为 $10\mu L \cdot L^{-1}$ 和 $20\mu L \cdot L^{-1}$。当臭氧达到预期含量时,关闭臭氧发生器,计时,在避光恒温环境中进行反应。

分别在 1 min、2 min、5 min、10 min、15 min、20 min、30 min 时用注射器从出口胶塞处取样,用气相色谱仪分析异戊二烯含量。取样时同样注意防止漏气。

反应结束时,用气相色谱—质谱联用仪分析反应瓶中的气体。

为了避免杂质干扰,准确分析臭氧与异戊二烯的反应,在进行空气/异戊二烯/臭氧共存体系反应的同时,以只含有空气和异戊二烯而没有臭氧的空白体系做对照,进行同样的实验。

　　根据 MS 谱图，检索 MS 谱图数据库，定性判断产物的类别和可能的结构，并利用总离子流图的峰高或峰面积半定量分析主要可能产物的相对含量。

【数据处理】

　　绘制反应体系和空白体系中异戊二烯浓度随时间的变化曲线，确定异戊二烯衰减的动力学级数。

思考题

　　1. 分析影响空气中异戊二烯与臭氧反应的影响因素有哪些？

　　2. 结合环境化学课程的学习，分析异戊二烯与臭氧反应产物及其可能的生成机制。

实验 7　大气中二氧化硫液相氧化模拟

　　SO_2 是大气主要污染物之一，也是我国环境空气质量标准中要监测的目标物。除自身的毒性外，还可以被空气中的氧化剂氧化，产生硫酸盐或者更强的酸性组分，造成酸沉降，对生态环境造成危害。

　　大气中 SO_2 转化为 SO_3 或硫酸的途径主要有 2 种，分别是气相氧化和液相氧化。气相氧化包括直接光氧化和间接光氧化，大气中的 SO_2 只有大约 20% 是通过这一途径转化的。SO_2 更重要的氧化途径是液相氧化，即溶于水，在水相中被溶解氧或其他氧化剂氧化或催化氧化。本实验用亚硫酸盐溶解于水，代替二氧化硫溶于水产生的亚硫酸根，通过加入 4 种大气颗粒物中常见的催化剂，观察亚硫酸根被氧化过程中体系酸度的变化，从而了解大气中二氧化硫的氧化机理动力学过程。

【实验目的】

　　1. 了解 SO_2 液相氧化的过程。

　　2. 掌握 pH 法间接考查 SO_2 液相氧化过程的方法。

【实验原理】

　　SO_2 液相氧化的过程是大气降水酸化的主要途径。首先 SO_2 溶解于水中并发生一级和二级电离，生成 $SO_2 \cdot H_2O$ 及 H^+。大气中溶解态的 S（Ⅳ）可被氧化为 S（Ⅵ），常见的液相氧化剂包括 O_2、O_3、H_2O_2 和自由基等，其中溶解在水中的氧气是最常见也是最主要的氧化剂。在 SO_2 被 O_2 氧化的过程中，Fe（Ⅲ）和 Mn（Ⅱ）都可以起到催化剂的作用。水中的 Fe（Ⅲ）和 Mn（Ⅱ）主要来源于大气颗粒物。

　　在本实验中以 Na_2SO_3 溶液代替吸收了 SO_2 的液滴，模拟研究不同条件下 S（Ⅳ）的液相氧化过程。由于在 SO_2 被氧化的过程中，溶液的 H^+ 浓度增加，pH 下降，因此，本实验通过测定溶液的 pH 变化，估算 SO_2 的液相氧化速率。同时添加不同催化剂，比较不同催化剂的催化效果。在本实验中，分别用 $MnSO_4^{2-}$ 模拟 Mn（Ⅱ），用 $NH_4Fe(SO_4)_2$ 模拟 Fe（Ⅲ），用降尘模拟实际大气液滴中的尘埃等各种杂质。

【仪器和试剂】

　　1. 仪器

　　（1）精密 pH 计。

（2）磁力搅拌器：5 个。

2. 试剂

（1）亚硫酸钠溶液：$0.01 \text{mol} \cdot \text{L}^{-1}$。溶解 1.26g 无水 Na_2SO_3 于水中，定容到 1L。

（2）硫酸锰溶液：$0.0005 \text{mol} \cdot \text{L}^{-1}$。溶解 0.141g 无水 $MnSO_4$ 于烧杯中，转移到 1L 容量瓶中，定容。

（3）硫酸铁铵溶液：$0.0005 \text{mol} \cdot \text{L}^{-1}$。取 0.241g $NH_4Fe(SO_4)_2 \cdot 12H_2O$ 于烧杯中，加少量 1:4 的稀硫酸和适量水溶解，转移到 1L 容量瓶中，定容。

（4）大气颗粒物水溶性溶液：提前用聚四氟乙烯滤膜采集大气颗粒物，采样动力为大流量大气采样器，采样时间为 1d。将采集到的大气颗粒物，放入 100mL 烧杯中，加 50mL 二次水，超声提取后存放。

（5）稀硫酸溶液：$0.01 \text{mol} \cdot \text{L}^{-1}$。

（6）稀氢氧化钠溶液：$0.01 \text{mol} \cdot \text{L}^{-1}$。

【实验步骤】

1. 模拟实验准备

（1）取 250mL 烧杯 5 个，编号为 1~5 号，分别用于模拟不加催化剂、加锰催化剂、加铁催化剂、加铁锰催化剂、加降尘催化剂 5 种情况。

（2）向 1~4 号烧杯各加新鲜稀释水 190mL，$0.01 \text{mol} \cdot \text{L}^{-1}$ Na_2SO_3 溶液 10mL；向 5 号烧杯各加稀释水 160mL，$0.01 \text{mol} \cdot \text{L}^{-1}$ Na_2SO_3 溶液 10mL。测定溶液的 pH 值，作为反应前的初始值。

（3）迅速向 2~5 号烧杯中依次加入以下试剂：2 号，$0.0005 \text{mol} \cdot \text{L}^{-1}$ $MnSO_4$ 溶液 2mL；3 号，$0.0005 \text{mol} \cdot \text{L}^{-1}$ $NH_4Fe(SO_4)_2$ 溶液 2mL；4 号，$0.0005 \text{mol} \cdot \text{L}^{-1}$ $MnSO_4$ 溶液和 $0.0005 \text{mol} \cdot \text{L}^{-1}$ $NH_4Fe(SO_4)_2$ 溶液各 1mL；5 号，降尘水悬浊液 30mL。

（4）加完所有试剂后，将 5 个烧杯置于磁力搅拌器上持续搅拌，测定 pH 值直到 pH 值稳定为止。

2. 液相氧化过程

每隔一定时间（1min、2min、3min、5min、10min、15min、20min、25min、30min、40min、50min、60min）测定并记录各烧杯中溶液 pH 的变化。

【数据处理】

以 pH 为纵坐标、时间为横坐标绘制各体系中溶液 pH 随时间的变化曲线。评价并对比不同体系氧化反应的快慢，分析和对比各催化剂的催化作用。

思考题

1. 为什么通过 pH 的变化可以估算液相氧化速率？本实验中的数据足够估算 SO_2 的氧化速率常数吗？如果不够，还应该控制和测定哪些参数或指标？

2. 哪些因素会影响 SO_2 的氧化速率？

3. 本实验成功的关键是什么？

实验 8　大气细颗粒物中铵盐的测定

目前大气中的细颗粒物成为了首要大气污染物，细颗粒物中的二次粒子如硫酸铵和硝酸铵等占细颗粒物总量的比例很大。因此，大气中铵盐的有效测定对于充分了解大气颗粒物、防治大气颗粒物污染具有重要意义。另外，铵盐作为一种植物营养物质，大气中铵盐的沉降对于土壤性质和植物生长具有重要影响。

【实验目的】

采集并分析大气细颗粒物中的铵盐，分析铵盐在大气细颗粒物中所占的比例，并探讨其来源。

【实验原理】

在碱性介质中，氨与次氯酸盐、水杨酸反应生成一种稳定的蓝色化合物，可于波长 698nm 处进行光度测定。降水中共存离子对铵盐的测定没有干扰。

【仪器和试剂】

1. 仪器

（1）大气细颗粒物采样器。

（2）分光光度计。

（3）剪刀。

（4）具塞锥形瓶。

（5）超声震荡仪。

（6）抽滤瓶。

（7）瓷漏斗。

（8）比色管。

2. 试剂

（1）所有试剂均用无氨水配制。无氨水的制作：

①蒸馏法：每升水中加 0.1mL 硫酸，进行蒸馏，接收馏出液于玻璃容器中。

②离子交换法：将蒸馏水通过混合型离子交换器来制备大量的无氨水。

（2）铵标准储备液：$1\,000\mu g \cdot mL^{-1}$。准确称取 0.743 1g 氯化铵（105℃烘 2h）溶于水中，稀释到 250 mL。

（3）铵标准使用液：$10\mu g \cdot mL^{-1}$。准确吸取铵标准储备液 5.00mL 于 500mL 容量瓶中，用水稀释至刻度，摇匀。

（4）水杨酸—酒石酸钾钠溶液：称取 10g 水杨酸于 150mL 烧杯中，加适量水，再加入 $5mol \cdot L^{-1}$ 的氢氧化钠溶液 15mL，搅拌使之溶解。另称取 10g 酒石酸钾钠（$KNaC_4H_4O_6 \cdot 4H_2O$）溶于水，加热煮沸以除去氨。冷却后，与上述溶液合并，移入 200mL 容量瓶中，用水稀释到刻度，混匀，此溶液 pH 约为 6。

（5）硝普钠溶液：$10g \cdot L^{-1}$。称取 0.1g 硝普钠（亚硝酰铁氰化钠），于 10mL 比色管中，加水至刻度，摇动使之溶解。此试剂现用现配。

（6）氢氧化钠溶液：$2mol \cdot L^{-1}$。称取 8g 氢氧化钠（NaOH）溶于水，稀释至 100mL。

（7）氢氧化钠溶液：$5mol \cdot L^{-1}$。称取 10g 氢氧化钠（NaOH）溶于水，稀释至 200mL。

(8)次氯酸钠溶液：可用市售的安替福米溶液，也可自制，方法为：将浓盐酸逐滴作用于高锰酸钾，将逸出的氯气导入氢氧化钠溶液（2mol·L⁻¹）中。市售或自制品均需用碘量法测定其有效氯含量，用酸碱滴定法测定其游离碱量，方法如下：

有效氯的标定：吸取 1.00mL 次氯酸钠溶液，于碘量瓶中，加 50mL 水，2g 碘化钾，混匀。加 5mL 6mol·L⁻¹硫酸溶液，盖上塞子，混匀。置于暗处 5min 后，用 0.1mol·L⁻¹硫代硫酸钠标准溶液滴定至黄色，加 1mL 淀粉溶液，继续滴至蓝色刚消失为终点。

其有效氯按式(2-6)计算

$$有效氯(Cl_2,\%) = V \times N \times \frac{70.91}{200} \times 100 \tag{2-6}$$

式中　V——滴定时消耗硫代硫酸钠溶液体积(mL)；

　　　N——硫代硫酸钠溶液摩尔浓度。

游离碱的标定：吸取 1.00mL 次氯酸钠溶液于 150mL 锥形瓶中，加入适量水，以酚酞作指示剂，用 0.1mol·L⁻¹盐酸标准溶液滴至红色消失为终点。取上述部分溶液用稀氢氧化钠溶液稀释至使其含有有效氯为 0.35%，游离碱为 0.75mol·L⁻¹。贮于棕色瓶中。

【实验步骤】

1. 标准曲线的绘制

取 10mL 比色管 7 支，分别加铵标准使用液 0、0.20mL、0.40mL、0.60mL、0.80mL、1.00mL、1.20mL，在各管中加入 1mL 水杨酸—酒石酸钾钠溶液，2 滴硝普钠溶液，用水稀释至 9mL，摇匀。加 2 滴次氯酸钠溶液，加水至刻度，摇匀，放置 30min。用 10mm 比色皿，于波长 698nm 处，以水作参比，测量吸光度。以吸光度对铵含量作图，绘制标准曲线。

2. 样品测定

准确吸取降水样品 1.00～5.00mL 于 10mL 比色管中，按作标准曲线的步骤(1)测定吸光度，从标准曲线上查得铵的含量。

【数据处理】

降水中铵(NH_4^+计)含量用 mg·L⁻¹ 表示，按式(2-7)计算：

$$C = \frac{M}{V} \tag{2-7}$$

式中　C——样品中铵的浓度(mL·L⁻¹)；

　　　M——由标准曲线上查得铵的含量(μg)；

　　　V——取样体积(mL)。

思考题

1. 铵盐具有很强的挥发性，如何能有效观测大气颗粒物中的铵盐的浓度？

2. 大气中的铵盐主要来源有哪些？

2.3　创新性实验

实验 9　大气气溶胶对能见度的影响

大气气溶胶在大气活动中起着重要的作用，对太阳光线散射作用很强，从而对能见度产生一定影响。大气中的颗粒物一般以较小的粒径悬浮在大气中，当湿度增加，颗粒物也随之增大，达到肉眼能观测到的程度，大气的光学性质和能见度也会相应的受到影响。根据研究，颗粒物的粒径在 $0.1\mu m$ 范围时对光的散射效果明显，它们会通过对光的散射而降低物体与背景之间的对比度，从而使能见度降低。

【实验目的】

1. 了解大气能见度的测定方法。
2. 了解大气颗粒物对能见度的影响。

【实验原理】

不同组成、浓度、粒径分布的颗粒物对能见度的影响不同，浓度越高，影响越大；本实验利用气溶胶粒径谱仪测定实际大气气溶胶的粒径分布，同时测定大气能见度，分析大气颗粒物浓度和粒径分布对能见度的影响。

【仪器和试剂】

（1）气溶胶粒径谱仪（粒径范围在 $100nm \sim 10\mu m$）。

（2）能见度测定仪。

【实验步骤】

（1）将实际大气接入气溶胶粒径谱仪，测定其粒径谱分布。

（2）利用能见度测定仪器测定当时的大气能见度。

（3）每天同一时间重复上述步骤，连续共 10 次左右，测定颗粒物浓度和粒径的变化，以及大气能见度的变化。

【数据处理】

（1）将粒径谱仪的数据导入电脑，打开分析软件，分析大气颗粒物粒径分布。

（2）将测得的大气颗粒物粒径分布数据和能见度数据结合起来分析大气颗粒物对能见度的影响。

思考题

1. 能见度会受到哪些因素影响？
2. 目前大气颗粒物浓度很高，质量浓度和粒径分布的差异对能见度的影响有什么异同？

实验 10　气相色谱法分析空气中总烃和非甲烷烃

非甲烷烃（NMHCs）是指除甲烷以外的所有碳氢化合物的总称，包括烷烃（甲烷除外）、烯烃、炔烃、芳香烃等多种烃类物质。在社会经济飞速发展的同时，城市汽车保有量显著增加，污染物排放日益严重。非甲烷烃化学性质活泼，不仅本身是污染物，并且容易发生二次反应，生成二次污染物，导致光化学烟雾的产生。所以，面对种类繁多，变化复杂的非甲烷烃，把握其总体浓度大小、探索其主要来源和分布规律，具有非常现实的意义和科学价值。

【实验目的】

1. 了解空气总烃的测定方法。

2. 进一步掌握气相色谱的使用方法。

【实验原理】

非甲烷烃是气相色谱氢火焰离子化检测器(FID)有明显响应的除甲烷外碳氢化合物总量，以碳计。采用双柱氢火焰离子化检测器气相色谱法分别测出总烃和甲烷的含量，两者之差为非甲烷烃的含量。各类烷烃、烯烃、芳香烃以及醛酮等有机物通过柱 1(总烃柱)仅出一个合峰，然后在 FID 进行检测，通过柱 2(甲烷柱)将甲烷与其他有机物分开，出一个甲烷峰，然后在 FID 进行检测。总烃的含量与甲烷的含量之差，即为非甲烷烃含量。

【仪器和试剂】

1. 仪器

(1)大气采样器：100mL 玻璃注射器，最小刻度为 1mL。每个玻璃注射器配有橡胶堵头 1 个。

(2)分析仪器：本实验所采用的分析仪器是日本岛津公司生产的岛津 GC - 2014 气相色谱仪，GC - 2014 为日本岛津公司最新推出的中档气相色谱仪。

2. 试剂

本次实验所用标准样品是用纯氮气稀释过的甲烷标气，甲烷浓度是 7.00 mg·m^{-3}左右。

【实验步骤】

1. 采样方法

用玻璃采样器进行大气样品采集的方法很简单。在监测点，将玻璃注射器于离地面 1.5m 处水平放置，先预先抽气几次来清洗注射器，然后缓慢拉动活塞至 100mL 刻度，立即用橡胶堵头密封，即完成采样。

在采样时，为了保证所采样品的质量，不影响分析结果，必须采取质量保证措施：采样针管的密闭性必须良好，这一点在实验室要做好准备，同时橡胶堵头的韧性要好；采样时，针管要水平放置，对准污染源方向，若遇到风，针口要尽量与风向垂直；正式采样前，要清洗采样管，清洗的方法是反复抽气几次；采样要迅速，在采样时，不能来回推活塞，必须一次采完。

2. 分析过程

将采集到的样品用 1mL 的注射器注入气相色谱仪的进样口进行分析，在此之前将气相色谱仪的各项参数设置正确。

(1)色谱柱的选择：本实验在进行甲烷烃(CH$_4$)浓度测定时选用了 GDX - 502 填充柱，在进行总烃(HCs)浓度测定时选择了不加任何填料的空柱。GDX - 502 填充柱规格是 3m × 3mm，空柱的规格是 2m × 3mm，他们都为半螺旋状设计，柱子的两端有银白色金属接口，分别连接进样口和检测器，在连接色谱柱时，色谱柱的两端一定要与进氧气和检测器对应，不能混淆，连接后还要在有载气通过柱子的情况下用专用检漏液对其进行检漏。

(2)分析条件的选择：用气相色谱分析样品时，选择合适的分析条件对于整个实验过程至关重要，不仅有利于加快实验流程的进行速度，提高柱效能，提高检测器的灵敏度，还可以有效保证峰的质量，减小实验的结果误差。

（3）进样口温度：GC - 2014 气相色谱仪的进样口分为填充柱进样口（居中）和毛细管柱进样口（两侧），填充柱进样口由进样垫和玻璃衬管等主要部件组成。岛津气相色谱仪的进样口温度一般在 100 ~ 250℃。进样口温度不能低于 100℃，否则会使样品的某些成分不能够完全气化，影响检测器对于样品的采集，进而造成分析结果的不准；进样口的温度也不能过高，一般不能高于 250℃，若再高，则会因为某些组分反应太快，检测器无法迅速反应，同样也影响了分析结果。本次实验所选择的进样口温度为 110℃。

（4）柱箱温度：FID 是质量型检测器，它对柱温的变化不敏感。但柱温的变化间接影响基线的漂移，也就间接影响了检测器的灵敏度，所以要选择合适的柱温。对于填充柱，只能在恒温操作时使用，不能使用程序升温。在用 GC - 2014 进行分析时，所选择的柱箱温度是 80℃，以减少柱流失，使基线相对稳定。

（5）FID 检测器及其工作温度：FID 是利用氢火焰作为电离源，使有机物电离，产生微电流而响应的检测器。它是一种破坏性的、典型的质量型检测器。FID 的突出优点是灵敏度高、线性范围宽，几乎对所有的有机物均有响应，特别是烃类物质。对二氧化碳、水等物质没有响应，对气体流速、温度、压力等因素变化不敏感，性能可靠、操作简便、结构简单，既可以与毛细管柱又可以与填充柱或空柱相连使用。

对于氢火焰离子化检测器，由于氢气燃烧产生大量水蒸气，所以检测器温度不能低于 80℃，否则水蒸气不能以蒸汽状态从检测器中排出，冷凝成水，使灵敏度下降，噪声增加。一般使用的温度在 100 ~ 250℃，在这次实验中，将检测器的温度定位在 110℃。

（6）气体流速的选择

①载气氮气（N_2）流速：载气流速通常根据柱分离要求调节，必要时也可以根据检测要求调节，因为，FID 为质量型检测器，在一定的流速范围内，峰面积不变，因此在本次试验中，按照载气流速允许的范围，我们把它定位在 20mL·min^{-1}。

②氮氢比：氢气是保持氢火焰正常燃烧的燃气，还为氢解反应和非甲烷烃类还原成甲烷提供氢原子。氮氢比对 FID 的灵敏度和线性范围均有影响。调节氮氢比应根据分析的任务而定。在要求高灵敏度，痕量分析时，调节氮氢比到相应值最大处为最佳；一般常量分析时，氮氢比一般控制在 0.43 ~ 0.72 的范围内，用灵敏度的降低来换取线性范围的提高。本次试验所用的氮氢比为 0.5∶1，即氮气的流量是 20mL·min^{-1}，氢气的流量是 40mL·min^{-1}。

③空气流速：空气是氢火焰的助燃气，它为火焰电离反应提供必要的氧，同时也起着把 CO_2、H_2O 等燃烧产物带走的吹扫作用。通常空气流速约为氢气流速的 10 倍左右，一般在 300 ~ 500mL·min^{-1} 的范围内。流速太小，供氧不足，响应值低；流速太大，火焰不稳，噪声增大。本次实验我们所选择的空气流速为 400mL·min^{-1}，为氢气的 10 倍。

（7）NMHCs 浓度计算

$$C(HCs) = C(CH_4标样) \times S(HCs)/S(CH_4标样) \tag{2-8}$$

$$C(CH_4) = C(CH_4标样) \times S(CH_4)/S(CH_4标样) \tag{2-9}$$

$$C(NMHCs) = C(HCs) - C(CH_4) \tag{2-10}$$

注：公式中的甲烷烃浓度和总烃浓度，并不是真正的质量浓度，而是以甲烷作为标准来计算的。

（8）保留时间：保留时间是指从进样开始，至色谱峰达到最高点时所用的时间。本次实验甲烷、总烃的保留时间分别是 1.18s 和 0.6s。

思考题

1. 利用色谱峰的保留时间对空气样品中的部分有机物进行定性分析。
2. 根据测定结果，初步判断分析气样中所含有机物的数量。

第 **3** 章
水环境化学

3.1 基础性实验

实验 1 苯甲腈水解速率的测定

水解作用是指化合物与水分子发生相互作用的过程，它是有机污染物在环境中迁移转化的一个重要途径。进入环境的有机污染物往往因水解而发生降解，从而改变原有的活性，水解反应与有机污染物在水体中的持久性是密切相关的，是评价有机污染物在水体中残留特性的重要指标，因此，水解速率常数也成为评价有机污染物危险性的参数之一。苯甲腈主要用作苯代三聚氰胺等高级涂料的中间体，也是合成农药、脂肪族胺等物质的中间体，大量排入水体会造成水体污染。本实验以苯甲腈为例，介绍有机污染物水解速率测定方法。

【实验目的】

1. 加深对有机污染物在环境中迁移、转化规律的认识，了解有机污染物在环境中的动力学行为。

2. 掌握测定有机污染物水解速率常数的方法，了解不同 pH 条件下对有机污染物水解速率的影响。

【实验原理】

通常，水解反应为亲核取代反应，一个亲核基团（H_2O 和 OH^-）进攻亲电基团（C、P 等原子），从而取代离去基团（卤化物、酚等）。反应可用下式表达：

$$RX + H_2O \text{---} ROH + HX$$

由于在任何 pH 溶液中都有 H_2O 分子、H^+ 和 OH^-，苯甲腈的水解反应速率是下列 3 个平行水解反应的速率总和。

$$C_6H_5CN
\begin{cases}
\xrightarrow[\text{H}^+]{\text{酸性水解}} C_6H_5COOH + NH_4^+ \\[2mm]
\xrightarrow[\text{H}_2O]{\text{中性水解}} C_6H_5COOH + NH_3 \quad \text{（水解速率常数 } K_b\text{）} \\[2mm]
\xrightarrow[\text{OH}^-]{\text{碱性水解}} C_6H_5COO^- + NH_3 \quad \text{（水解速率常数 } K_n\text{）}
\end{cases}$$

$$\frac{-d[C_6H_5CN]}{dt} = \{K_n + K_a[H^+] + K_b[OH^-]\} \times [C_6H_5CN] = K_h[C_6H_5CN]$$

其中 $$K_h = K_n + K_a[H^+] + K_b[OH^-]$$

当苯甲腈浓度较低，在一定温度下保持 pH 恒定，则 $[H^+]$ 和 $[OH^-]$ 可视为常数并入速率常数中，这样苯甲腈的水解反应可简化为一级反应：

$$\frac{-d[C_6H_5CN]}{dt} = k_h[C_6H_5CN]$$

其积分结果用一级反应通式表示：

$$\ln\frac{c}{c_0} = -k_t \tag{3-1}$$

式中　c——水解某一时刻苯甲腈的浓度；

　　　　c_0——苯甲腈水解初始浓度；

　　　　t——水解时间；

　　　　k——水解速率常数。

测定不同时刻苯甲腈的浓度即可求出其水解速率常数。有机污染水解一半所需要的时间成为水解半衰期，以 $T_{1/2}$ 表示

$$T_{1/2} = \frac{\ln2}{k} \tag{3-2}$$

有机物的水解速度与水体的温度、pH 及盐度有关，水中悬浮物、底泥对水解反应有吸附催化作用。本实验测定苯甲腈在 pH = 7 和 pH = 12 条件下的水解速率常数，以比较水体 pH 对水解常数的影响。

【仪器和试剂】

1. 仪器

(1)高效液相色谱仪(配有波长 254 nm 紫外检测器)。

(2)超级恒温水浴。

(3)10 mL 分液漏斗。

(4)酸度计。

2. 试剂

(1)甲醇：分析纯。

(2)二氯甲烷：分析纯。

(3)无水乙醇：分析纯。

(4)0.2mol·L^{-1}氢氧化钠储备液：称取 8.000g NaOH 溶解于水中，在 1 000mL 容量瓶中稀释到刻度。

(5)0.1mol·L^{-1}磷酸二氢钾储备液：称取 13.616g KH$_2$PO$_4$溶解于水中，在 1 000mL 容量瓶中稀释到刻度。

(6)0.2mol·L^{-1}氯化钾储备液：称取 14.912g KCl 溶解于水中，在 1 000mL 容量瓶中稀释到刻度。

(7)pH = 7 的缓冲溶液：取 145.5mL 的 0.2mol·L^{-1} NaOH 储备液和 500mL 的 0.1mol·L^{-1} KH$_2$PO$_4$储备液混合，在 1 000mL 容量瓶中用水稀释到刻度，用酸度计测量其 pH 值。

(8)pH = 12 的缓冲溶液：取 250mL 的 0.2mol·L^{-1} KCl 储备液和 600mL 的 0.2mol·L^{-1}

NaOH 储备液混合，在 1 000mL 容量瓶中用水稀释到刻度，用酸度计测量其 pH 值。

（9）苯甲腈溶液：称取 0.400g 苯甲腈溶解于无水乙醇，在 100mL 容量瓶中稀释至刻度。

【实验步骤】

（1）用量筒量取 80mL pH = 7 的缓冲溶液，移入 100mL 具塞锥形瓶中，塞上瓶塞，置于 60℃超级恒温水浴中恒温 30min。

（2）加入苯甲腈溶液 0.8mL，摇匀，立即吸取 5.00mL 水解液置于已加有 2.00mL 二氯甲烷的 10mL 分液漏斗中，震荡萃取 2min，静止分层后将二氯甲烷层移入 10mL 容量瓶中，用甲醇稀释至刻度，摇匀。用高效液相色谱仪测定样品，记下水解 0 刻度的峰高。

（3）在水解进行到 10min、20min、30min、50min、70min、90min 时，从锥形瓶中各取样一次，如上述操作。

（4）在进行 pH = 7 的水解实验时，同时做 pH = 12 时的水解实验，方法同上。

色谱条件包括色谱柱：Ecilpse XDB – C18；紫外检测器波长：260nm；流动相：40% 二次蒸馏水和 60% 甲醇；流速：1mL · min^{-1}；进样量：10μL。

【数据处理】

1. 绘制水解曲线

由于 $\ln \frac{h}{h_0} = \ln \frac{c}{c_0}$ ，所以 $\ln \frac{c}{c_0} = -K_t$ 可以变成 $\ln \frac{h}{h_0} = -K_t$，以 $\ln \frac{h}{h_0}$ 为纵坐标，水解时间 t 为横坐标，绘制水解曲线。比较不同 pH 条件下的水解曲线。

2. 由水解曲线求出水解速率常数 k

水解曲线呈直线，则直线斜率的绝对值即为水解速率常数。

3. 计算水解半衰期 t

水解半衰期是指有机物水解了一半所需要的时间。计算公式为：

$$T_{1/2} = \frac{\ln 2}{k} \tag{3-3}$$

注：①pH 的误差是测定水解速率常数的误差来源，必须严格控制 pH。②要严格控制温度。温度有 ±0.2℃的误差将导致 k 值有 2% 的误差，温度有 ±1℃的误差将导致 k 值 10% 的误差。所以用超级恒温水浴来严格控制温度。

思考题

1. 水解实验为何要在缓冲溶液中进行？
2. 水解半衰期的意义是什么？

实验 2　废水中酚类的测定

水中酚类根据能否与水蒸气一起蒸出，可分为挥发酚和不挥发酚。挥发酚通常是指沸点在 230℃以下的，通常属于一元酚，如苯酚、甲苯。沸点在 230℃以上的为不挥发酚如硝基苯酚、苯二酚。环境中酚污染主要是指含酚化合物对水体的污染。由于在许多工业如炼油、煤气洗涤、炼焦、造纸、合成氨、化工等排出的废水均含酚，使含酚废水已成为危害大、污染广的工业废水之一。酚类物质属于高毒物质，人体摄入一定量时，可出现急性中毒症状；长期饮用被分类污染的水，可引起头昏、出疹、瘙痒、贫血及各种神经系统症状。含酚浓度高的废水不宜用于农田灌溉,否则,会使农作物枯死或减产。水中含微量酚类,在加氯消毒时,可产生特异的氯酚溴。

【实验目的】

1. 掌握用蒸馏法预处理水样的方法。

2. 掌握4-氨基安替比林用分光光度法对水中酚类化合物的测定。

【实验原理】

用蒸馏法使挥发性酚类化合物蒸馏出,并与干扰物质和固定剂分离。

酚类化合物在 pH 10.0 ±0.2 介质中,在铁氰化钾存在下,与4-氨基安替比林法反应,生成的橙红色吲哚酚安替比林染料,其水溶液在波长 510nm 处有最大吸收。用 2cm 比色皿测量时,苯酚的最低检出浓度为 0.1mg·L^{-1}。

【仪器和试剂】

1. 仪器

(1)全玻璃蒸馏器(500mL)。

(2)可见光分光光度计。

(3)具塞比色管。

2. 试剂

(1)无酚水:于1 L 水中加入 0.2g 经 200℃ 活化 0.5h 的活性炭粉末,充分振荡后,放置过夜。用双层中速滤纸过滤,或加氢氧化钠使水呈碱性,并滴加高锰酸钾溶液至紫红色,移入蒸馏瓶中加热蒸馏,收集流出液备用。本实验应使用无酚水。

注:无酚水应储备于玻璃瓶中,取用时应避免与橡胶制品(橡皮塞或乳胶管)接触。

(2)硫酸铜溶液:称取 50g 硫酸铜($CuSO_4 \cdot 5H_2O$)溶于水,稀释至 500mL。

(3)磷酸溶液:量取 50mL 磷酸($\rho_{20℃} = 1.69g \cdot mL^{-1}$),用水稀释至 500mL。

(4)甲基橙指示液:称取 0.05g 甲基橙溶于 100mL 水中。

(5)苯酚标准储备液:称取 1.00g 无色苯酚(C_6H_5OH)溶于水,移入 1 000mL 容量瓶中,稀释至标线。至冰箱内保存,至少稳定 1 个月。标定方法如下。

①吸取 10.0mL 酚储备液于 250mL 碘量瓶中,加水稀释至 100mL,加 10.0mL0.1mol·L^{-1}溴酸钾—溴化钾溶液,立即加入 5mL 盐酸,盖好瓶塞,轻轻摇匀,于暗处放置 10min。加入 1g 碘化钾,密塞,再轻轻摇匀,放置暗处 5mm。用 0.012 5mol·L^{-1}硫代硫酸钠标准定溶液滴定至淡黄色,加入 1mL 淀粉溶液,继续滴定至蓝色刚好褪去,记录用量。

②同时以水代替苯酚储备液作空白试验,记录硫代硫酸钠标准滴定溶液用量。

③苯酚储备液浓度由式(3-4)计算:

$$苯酚(mg \cdot mL^{-1}) = \frac{(V_1 - V_2)C \times 15.68}{V} \qquad (3-4)$$

式中 V_1——空白试验中硫代硫酸钠标准滴定溶液用量(mL);

      V_2——滴定苯酚储备液时,硫代硫酸钠标准滴定溶液用量(mL);

      C——硫代硫酸钠标准滴定溶液浓度(mol·L^{-1});

      15.68——$1/6C_6H_5OH$(g·moL^{-1})。

(6)苯酚标准中间液:取适量苯酚储备液,用水稀释至每毫升含 0.010mg 苯酚。使用时当天配制。

（7）溴酸钾—溴化钾标准参考溶液（$C_{1/6KBrO_3} = 0.1 mol \cdot L^{-1}$）：称取 2.784 溴酸钾（$KBrO_3$）溶于水，加入 10g 溴化钾（KBr），使其溶解，移入 1 000mL 容量瓶中，稀释至标线。

（8）碘化钾标准参考溶液（$C_{1/6KIO_3} = 0.012\ 5 mol \cdot L^{-1}$）：称取预先经 180℃烘干的碘酸钾 0.445 8g 溶于水，移入 1 000mL 容量瓶中，稀释至标线。

（9）硫代硫酸钠标准溶液（$C_{Na_2S_2O_3} \approx 0.012\ 5 mol \cdot L^{-1}$）：称取 3.1g 硫代硫酸钠溶于煮沸放冷的水中，加入 0.2g 碳酸钠，稀释至 1 000mL，临用前，用碘酸钾溶液标定。

标定方法：取 10.00mL 碘酸钾溶液置 250mL 碘量瓶中，加水稀释至 1 000mL，加 1g 碘化钾，再加 5mL（1 + 5）硫酸，加塞，轻轻摇匀。置暗处放置 5min，用硫代硫酸钠溶液滴定至淡黄色，加 1mL 淀粉溶液，继续滴定至蓝色刚褪去为止，记录硫代硫酸钠溶液用量。按下式计算硫代硫酸钠溶液浓度（$mol \cdot L^{-1}$）：

$$C_{Na_2S_2O_3 \cdot 5H_2O} = \frac{0.012\ 5 \times V_4}{V_3} \tag{3-5}$$

式中　V_3——硫代硫酸钠标准溶液消耗量（mL）；

　　　V_4——碘酸钾标准参考溶液量（mL）；

　　0.012 5——碘酸钾标准参考溶液浓度（$mol \cdot L^{-1}$）。

（10）淀粉溶液：称取 1g 可溶性淀粉，用少量水调成糊状，加沸水至 100mL，冷后，置冰箱内保存。

（11）缓冲溶液（pH 约为 10）：称取 20g 氯化铵（NH_4Cl）溶于 100mL 氨水中，加塞，置冰箱中保存。

注：应避免氨挥发所引起 pH 值的改变，注意在低温下保存和取用后立即加塞盖严，并根据使用情况适量配制。

（12）2%（m/V）4-氨基安替比林溶液：称取 4-氨基安替比林（$C_{11}H_{13}N_3O$）2g 溶于水，稀释至 100mL，置于冰箱中保存。可使用 1 周。

注：固体试剂易潮解、氧化，宜保存在干燥器中。

（13）8%（m/V）铁氰化钾溶液：称取 8g 铁氰化钾$\{K_3[Fe(CN)_6]\}$溶于水，稀释至 100mL，置于冰箱中保存。可使用 1 周。

【实验步骤】

1. 水样预处理

（1）量取 250mL 水样置蒸馏瓶中，加数粒小玻璃珠以防暴沸，再加两滴甲基橙指示液，用磷酸溶液调节至 pH = 4（溶液呈橙红色），加 5.0mL 硫酸铜溶液（如采样时已加过硫酸铜，则补加适量）。

如加入硫酸铜溶液后产生较多量的黑色硫化铜沉淀，则应摇匀后放置片刻，待沉淀后，再滴加硫酸铜溶液，至不再产生沉淀为止。

（2）连接冷却器，加热蒸馏，至蒸馏出约 225mL 时，停止加热，放冷。向蒸馏瓶中加入 25mL 水，继续蒸馏至馏出液为 250mL 为止。

蒸馏过程中，如发现甲基橙的红色褪去，应在蒸馏结束后，再滴加 1 滴甲基橙指示液，如发现蒸馏后残液不显酸性，则应重新取样，增加磷酸加入量，进行蒸馏。

2. 标准曲线的绘制

在一组 8 支 50mL 比色管中，分别加入 0、0.50mL、1.00mL、5.00mL、7.00mL、

10.00mL、12.50mL 酚标准中间液，加水至 50mL 标线。加 0.5mL 缓冲溶液，混匀，此时 pH 值为 10.0 ± 0.2，加 4-氨基替比林溶液 1.0mL，混匀。再加 1.0mL 铁氰化钾溶液，充分混匀后，放置 10min 立即于 510nm 波长，用光程为 20nm 比色皿，以水为参比，测量吸光度。经空白校正后，绘制吸光度对苯酚含量(mg)的标准曲线。

3. 水样的测定

分取适量的馏出液放入 50mL 比色管中，稀释至 50mL 标线。用于绘制标准曲线相同步骤测定吸光度，最后减去空白试验所得吸光度。

4. 空白试验

以水代替水样，经蒸馏后，按水样测定步骤进行测定，以于结果作为水样测定的空白校正值。

【数据处理】

$$挥发酚(以苯酚计，mg \cdot L^{-1}) = \frac{m}{V} \times 1\,000 \tag{3-6}$$

式中 m——由水样的校正吸光度，从标准曲线上查得的苯酚含量(mg)；

V——移取馏出液体积(mL)。

思考题

1. 本实验中蒸馏的作用是什么？
2. 用本实验中的方法是否可以测定出水中所有的酚类物质？为什么？

实验 3 萘在水溶液中光化学氧化的测定

光解是指化合物在光照条件下而分解的过程。光解作用强烈的影响水环境中某些有机污染物的归趋，因为它不可逆的改变了反应的分子结构。由于光降解处理有机污染廉价、无毒、节能，目前光降解已成为水环境化学热门研究领域之一。

水体中有机污染物光化学降解规律的研究主要包括两方面的内容。一是研究其降解速率及影响因素；二是研究有机污染物降解产物，包括中间产物的毒性大小。需要注意的是，有机污染物的光化学降解产物可能还是有毒的，甚至比母体化合物毒性更大。因而有机污染物的分解并不意味着毒性的消失。

多环芳烃(PAHs)是一类广泛存在于环境中的污染物，属于半挥发性有机污染物，多数具有致癌性、致畸和致突变效应，对生物体具有很大的毒性和危害。萘是 PAHs 中最简单的一种，具有一定的代表性。

【实验目的】

1. 了解萘在溶液中的光化学反应机理，求出速率常数。
2. 掌握光化学反应器的操作和利用质谱仪测定萘的光氧化产物。

【实验原理】

天然水体中有机污染物的光降解速率，可以用下式表示：

$$-\frac{dc}{dt} = Kc[Ox] \tag{3-7}$$

式中　c——天然水中有机污染物浓度（mg·L^{-1}）；

　　　$[Ox]$——天然水中氧化性集团的浓度，一般认为是定值，反应过程中不变（单位）。

　　对上式积分

$$\ln \frac{c_0}{c} = Kc[Ox]t = K't \qquad (3\text{-}8)$$

式中　c_0——天然水中有机污染物初始浓度（mg·L^{-1}）；

　　　c——时间为 t 时有机污染物浓度（mg·L^{-1}）；

　　　K'——衰减曲线斜率，也是光降解速率常数，通过绘制 $\ln \dfrac{c_0}{c} - t$ 曲线可求得。

　　本实验以高压汞灯为光源照射萘的甲醇－水溶液，在不同时间取照射溶液以测定萘含量的变化，得到萘的光氧化速率常数和其他动力学常数。最后将光照溶液浓缩，进行组成测定，从而判断反应产物。

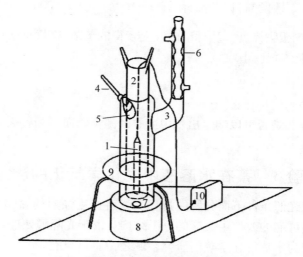

图 3-1　光化学反应仪示意

1. 光源　2. 石英冷陷　3. 光化学反应仪　4. 温度计及插口　5. 取样或通气口
6. 冷凝管　7. 搅拌子　8. 磁力搅拌器　9. 支架　10. 启动电源

【仪器和试剂】

1. 仪器

（1）300W 高压汞灯。

（2）光化学反应仪。

（3）高效液相色谱仪。

（4）气相色谱—质谱联用仪。

（5）超声波清洗器。

（6）旋转浓缩仪。

（7）磁力搅拌器。

（8）压缩空气钢瓶。

2. 试剂

(1)萘：分析纯。

(2)甲醇：分析纯。

(3)环己烷：分析纯。

(4)无水硫酸钠：在300℃下烘2h，置于干燥器中待用。

【实验步骤】

1. 配制100mg·L^{-1}萘的甲醇—水溶液

称取0.100g萘溶解于300mL甲醇中，转入1 000mL容量瓶后，缓慢加入水并定容。置容量瓶于超声波清洗器水槽内15 min，使萘在超声波作用下完全溶解，然后向此溶液通空气10min。

2. 光化学氧化

打开光化学反应仪(反应器容积约500mL)，依次开启冷却水和高压汞灯，预热20 min，关闭柜门。

向反应器内加入约500mL萘的甲醇—水溶液，同时开启空气钢瓶阀，向溶液中溶入空气。空气流量约每秒钟出现2~3个气泡。开启磁力搅拌器，并在不同时间间隔用移液管吸取2mL溶液与铝箔包裹的具塞试管中，待作高效液相色谱测定。取样时间为0min、5min、10min、20min、30min、50min、60min、90min。光照结束后，关灯15min后关闭冷却水。

色谱条件包括色谱柱：Zobax 80A Extend – C18；紫外检测器波长：254nm；流动相：10%二次蒸馏水和90%甲醇；流速：1mL·min^{-1}；进样量：10μL；柱温：30℃。

3. 质谱鉴定反应产物

将反应器内剩余溶液转入100 mL分液漏斗内，加入60mL环己烷萃取10min，待静止1h后分层，分出有机相。加5g无水硫酸钠至有机相中，待1h后转移有机相至旋转浓缩器中，浓缩至1 mL。

质谱条件，采用THERMO focus-DSQⅡ GC/MS质谱仪。DB-5石英毛细管色谱柱，50m × 0.25mm ×0.25μm，进样温度为300℃；质谱接口温度为280℃，电离源：EI源，电离能量：70ev；载气：氦气(纯度>99.99%)；进样量：1μL；柱温为70℃，10min后升高到230℃。

【数据处理】

1. 反应动力学

(1)反应速率常数k：$t=0$时，萘的浓度为100mg·L^{-1}，即7.8×10^{-4} mol·L^{-1}。根据该点在高效液相色谱仪上得到峰高，可求出其他峰高对应的萘浓度c。在了解了萘在光解反应中的浓度变化基础上，就可以计算各种动力学参数。萘在光解反应初期分解缓慢阶段的速率是不断增大的，直到它开始迅速降解，反应速率常数k逐渐维持恒定，并表现出一级反应动力学反应。

$$\ln \frac{c_0}{c} = kt$$

以$\ln \frac{c_0}{c} - t$为纵坐标，t为横坐标作图，得到直线的斜率，其绝对值k为一级光反应速率常数。

（2）半衰期：在此条件下，萘在甲醇—水溶液中半衰期

$$T_{1/2} = \frac{\ln2}{k} \tag{3-9}$$

（3）不同 t 时刻萘的浓度 c 可由公式计算

$$c = c_0 e^{-k} \tag{3-10}$$

2. 求得反应产物

根据质谱图推测反应产物的结构。

思考题

1. 研究多环芳烃光化学降解的意义是什么？
2. 光的强度如何影响光化学反应速率？

实验 4　水体富营养化程度的评价

水体富营养化是一种氮、磷等植物营养物质含量过多所引起的水质污染现象，它的主要特征是营养物质富集，引起藻类及其他浮游生物大量繁殖，溶解氧下降，水面呈现不同颜色（淡水中称为水华、海水中称为赤潮），生物大量死亡，水质恶化。富营养化是世界上普遍发生的一种水污染现象，特别是湖泊和海湾易发生。

富营养化作为一个自然过程，是水体衰老的一种表现。在自然物质的正常循环过程中，由于人类活动的影响大大加速了水体（缓流水体）富营养化过程，这种情况下的富营养化亦称为人为富营养化。它是由于生活污水、工业废水，尤其是农业径流所携带的生物所需要的 N、P 等营养物质大量进入湖泊、河口、海湾等缓流水体，导致藻类及其他浮游生物急剧和过量地生长，藻类死亡后其分解作用大大降低了水中溶解氧的含量而形成厌氧条件，使水质恶化，鱼类及其他生物大量死亡。而且，水中藻类的优势种也往往由硅藻、绿藻转为蓝藻，这种藻类不适宜作饵料，其分解产物往往具有毒性，并给水体带来不良气味。

【实验目的】

1. 掌握总氮、总磷和叶绿素 a 的测定原理及方法。
2. 评价水体的富营养化状况。

【实验原理】

许多参数可用作水体富营养化的指标，常用的是总磷、总氮和叶绿素 a 含量。

表 3-1　水体富营养化的程度划分

富营养化程度	总磷/($\mu g \cdot L^{-1}$)	无机氮/($\mu g \cdot L^{-1}$)
极贫	<0.005	<0.200
贫—中	0.005～0.010	0.200～0.400
中	0.010～0.030	0.300～0.650
中—富	0030～0.100	0.500～1.500
富	>0.100	>1.500

1. 总磷

在酸性溶液中，将各种形态的磷转化成正磷酸根离子（PO_4^{3-}）。正磷酸与用钼酸铵和酒石酸锑钾与之反应，生成磷钼锑杂多酸，再用还原剂抗坏血酸把它还原则变成蓝色络合物，通常称为磷钼蓝。

2. 总氮

在60℃以上的水溶液中过硫酸钾按如下反应式分解，生成氢离子和氧。

$$K_2S_2O_8 + H_2O \longrightarrow 2KHSO_4 + 1/2O_2$$

$$KHSO_4 \longrightarrow K^+ + HSO_4^-$$

$$HSO_4^- \longrightarrow H^+ + SO_4^{2-}$$

加入氢氧化钠用以中和氢离子，使过硫酸钾分解完全。

在120~124℃的碱性介质条件下，用过硫酸钾作氧化剂，不仅可将水样中的氨氮和亚硝酸盐氮氧化为硝酸盐，同时将水样中大部分有机氮化合物氧化为硝酸盐。而后，用紫外分光光度法分别于波长220nm与275nm处测定其吸光度，按 $A = A_{220} - 2A_{275}$ 计算硝酸盐氮的吸光度值，从而计算总氮（$NO_3^- - N$）的含量。

3. 叶绿素 a

测定水体中的叶绿素 a 的含量，可估计该水体的绿色植物存在量。将色素用丙酮萃取，测量其吸光度值，便可以测得叶绿素 a 的含量。

【仪器和试剂】

1. 仪器

（1）紫外可见分光光度计 。

（2）灭菌锅。

（3）容量瓶：100mL、250mL。

（4）锥形瓶：250mL。

（5）比色管：25mL、50mL。

（6）具塞小试管：10mL。

（7）移液管：1mL、2mL、10mL。

（8）玻璃纤维滤膜、剪刀、玻棒、夹子。

（9）离心机。

2. 试剂

（1）过硫酸铵（固体）。

（2）浓硫酸。

（3）1 mol·L^{-1}硫酸溶液。

（4）2 mol·L^{-1}盐酸溶液。

（5）6 mol·L^{-1}氢氧化钠溶液。

（6）1% 酚酞：1g 酚酞溶于 90mL 乙醇中，加水至 100mL。

（7）丙酮：水（9:1）溶液。

（8）酒石酸锑钾溶液：将 4.4gK(SbO)$C_4H_4O_6$·1/2H_2O 溶于 200mL 蒸馏水中，用棕色瓶在4℃时保存。

（9）钼酸铵溶液：将 20g $(NH_4)_6MO_7O_{24} \cdot 4H_2O$ 溶于 500mL 蒸馏水中，用塑料瓶在 4℃ 时保存。

（10）抗坏血酸溶液：$0.1 \ mol \cdot L^{-1}$（溶解 1.76g 抗坏血酸于 100mL 蒸馏水中，转入棕色瓶，若在 4℃ 时保存，可维持 1 周不变）。

（11）混合试剂：50mL $2 \ mol \cdot L^{-1}$ 硫酸、5mL 酒石酸锑钾溶液、15mL 钼酸铵溶液和 30mL 抗坏血酸溶液。混合前，先让上述溶液达到室温，并按上述次序混合。在加入酒石酸锑钾或钼酸铵后，如混合试剂有浑浊，须摇动混合试剂，并放置几分钟，至澄清为止。若在 4℃ 下保存，可维持 1 周不变。

（12）磷酸盐储备液（$1.00mg \cdot mL^{-1}$ 磷）：称取 1.098 g KH_2PO_4，溶解后转入 250mL 容量瓶中，稀释至刻度，即得 $1.00mg \cdot mL^{-1}$ 磷溶液。

（13）磷酸盐标准溶液：量取 1.00mL 储备液于 100mL 容量瓶中，稀释至刻度，即得磷含量为 $10\mu g \cdot mL^{-1}$ 的工作液。

（14）无氨水：每升水中加入 0.1mL 浓硫酸，蒸馏。弃去前 50mL 收集馏出液于玻璃容器中或用新制备的去离子水。

（15）20% 氢氧化钠溶液：称取 20g 氢氧化钠，溶于无氨水中，稀释至 100mL。

（16）碱性过硫酸钾溶液：称取 40g 过硫酸钾（$K_2S_2O_8$），15g 氢氧化钠，溶于无氨水中，稀释至 1 000mL。溶液存放在聚乙烯瓶内，可贮存 1 周。

（17）（1 + 9）盐酸。

（18）硝酸钾标准溶液：称取 0.721 8g 经 105～110℃ 烘干 4h 的优级纯硝酸钾（KNO_3）溶于无氨水中，移至 1 000mL 容量瓶中定容。此溶液每毫升含 $100\mu g$ 硝酸盐氮。加入 2mL 三氯甲烷为保护剂，至少可稳定 6 个月。

（19）硝酸钾标准使用液：将上述储备液用无氨水稀释 10 倍而得，此溶液每毫升含 $10\mu g$ 硝酸盐氮。

（20）碳酸镁粉。

【实验步骤】

1. 叶绿素 a 的测定

采集 500～1 000mL 水样，具体采样量视浮游植物量而定，将水样倒入装有乙酸纤维滤膜（孔径 $0.45\mu m$）的抽滤器中抽滤，水样抽完后继续抽 1～2min 以减少滤膜水分，将带有浮游植物的滤膜放入冰箱中低温干燥 6～8h 放入组织研磨器中，加少量碳酸镁粉末及 2～3mL 90% 丙酮，充分研磨提取叶绿素 a。提取液放置于离心管中，离心 10min（3 000～4 000r $\cdot min^{-1}$），将上清液导入 10mL 容量瓶中。重复加丙酮、研磨、离心、分离过程 2～3 次，纸质沉淀物不含绿色。最后将上清液定容到 10mL，摇匀，用 10mm 比色皿在分光光度计上分别读取 750nm、663nm、645nm、630nm 波长的吸光度，并以 90% 的丙酮作空白吸光度测定，对样品吸光度进行校正。

2. 总磷的测定

（1）水样处理

水样中如有大的微粒，可用搅拌器搅拌 2～3min，以至混合均匀。量取 100mL 水样（或经稀释的水样）2 份，分别放入 250mL 锥形瓶中，另取 100mL 蒸馏水于 250mL 锥形瓶中作为对照,分别加入 1mL2mol·L^{-1}H$_2$SO$_4$,3g(NH$_4$)$_2$S$_2$O$_8$,微沸约 1h,补加蒸馏水使体积为 25～50mL(如锥型瓶壁上有白色凝聚物,应用蒸馏水将其冲入溶液中),再加热数分钟。冷却后,加一滴酚酞,并用 6mol·L^{-1}NaOH 将溶液中和至微红色。再滴加 2mol·L^{-1}HCl 使粉红色恰好褪去,转入 100mL 容量瓶中,加水稀释至刻度,移取 25mL 至 50mL 比色管中,加 1mL 混合试剂,摇匀后,放置 10min,加水稀释至刻度再摇匀,放置 10min,以试剂空白作参比,用 1cm 比色皿,于波长 880nm 处测定吸光度。

（2）标准曲线的绘制

分别吸取 10μg·mL^{-1}磷的标准溶液 0.00、0.50mL、1.00mL、1.50mL、2.00mL、2.50mL、3.00mL 于 50mL 比色管中,加水稀释至约 25mL,加入 1mL 混合试剂,摇匀后放置 10min,加水稀释至刻度,再摇匀,10min 后,以试剂空白作参比,用 1cm 比色皿,于波长 880nm 处测定吸光度。

3. 总氮的测定

（1）标准曲线的绘制

分别吸取 0、0.50mL、1.00mL、2.00mL、3.00mL、5.00mL、7.00mL、8.00mL 硝酸钾标准使用溶液于 25mL 比色管中,用无氨水稀释至 10ml 标线。加入 5mL 碱性过硫酸钾溶液,塞紧磨口塞,用纱布及纱绳裹紧管塞,以防迸溅出。置于高压蒸汽消毒器内加热。加热 0.5h,放气使压力指针回零,待温度为 120～140℃时,保持 30min 后停止加热。移去外盖,取出比色管并冷至室温。加入(1+9)盐酸 1mL,用无氨水稀释至 25mL 标线。在紫外分光光度计上,以无氨水作参比,用 10mm 石英比色皿分别在 220nm 及 275nm 波长处测定吸光度。用校正的吸光度绘制校准曲线。

按式(3-11)计算校正吸光度:

$$A = A_{220} - 2A_{275} \tag{3-11}$$

式中　A——校正吸光度;

　　　A_{220}——溶液在 220nm 波长的吸光度;

　　　A_{275}——溶液在 275nm 波长的吸光度。

按校正吸光度,根据相应的 NO$_3^-$-N 含量绘制工作曲线。

（2）样品测定取 10mL 水样,按校准曲线绘制步骤操作。然后按校正吸光度,在校准曲线上查出相应的总氮量,再用下列公式计算总氮含量。

【数据处理】

1. 叶绿素 a

$$叶绿素\ a(mg·m^{-3}) = \frac{11.64(D_{663} - D_{750}) - 2.16(D_{645} - D_{750}) + 0.10(D_{630} - D_{750})V_1}{V\delta}$$

$$\tag{3-12}$$

式中　V——水样体积(L);

　　　V_1——提取液定容后体积(L);

　　　D——吸光度;

　　　δ——比色皿光程(cm)。

2. 总磷

由标准曲线查得磷的含量,按下式计算水中磷的含量:

$$C_P = W_p/V \tag{3-13}$$

式中　C_P——水中磷的含量($g \cdot L^{-1}$)；

　　　W_p——由标准曲线上查得磷含量(μg)；

　　　V——测定时吸取水样的体积(本实验 $V = 25.00 mL$)。

　3. 总氮

$$总氮(mg \cdot L^{-1}) = m/V \tag{3-14}$$

式中　m——从校准曲线上查得的含氮量(μg)；

　　　V——所取水样体积(mL)。

思考题

1. 水体中氮、磷的主要来源有哪些，如何控制？
2. 被测水体的富营养化状况如何？当前我国湖泊总体的富营养化状况如何？

实验 5　有机物的正辛醇—水分配系数

有机化合物的正辛醇—水分配系数(K_{ow})是指平衡状态下化合物在正辛醇和水相中浓度的比值。它反映了化合物在水相和有机相之间的迁移能力，是描述有机化合物在环境中行为的重要物理化学参数，它与化合物的水溶性、土壤吸附常数和生物浓缩因子密切相关。通过对某一化合物分配系数的测定，可提供该化合物在环境行为方面许多重要的信息，特别是对于评价有机物在环境中的危险性起着重要作用。测定分配系数的方法有振荡法、产生柱法和高效液相色谱法。

【实验目的】

1. 掌握有机物正辛醇—水分配系数的测定方法。
2. 学习使用紫外分光光度计。

【实验原理】

正辛醇是一种长链烷烃醇，在结构上与生物体内的碳水化合物和脂肪类似。因此，可以用正辛醇—水分配系数来模拟和研究生物—水体系。有机物的正辛醇—水分配系数是衡量其脂溶性大小的重要理化性质。

正辛醇—水分配系数是平衡状态下有机化合物在正辛醇相和水相中浓度的比值。即

$$K_{ow} = c_o/c_w \tag{3-15}$$

式中　K_{ow}——分配系数；

　　　c_o——平衡时有机化合物在正辛醇相中的浓度；

　　　c_w——平衡时有机化合物在水相中的浓度。

本实验采用振荡法进行有机化合物的正辛醇–水分配系数的测定。由于正辛醇中有机化合物的浓度难以确定，本实验中通过测定平衡时水相中有机物浓度，然后根据体系中有机物的初始加入量以及两相的体积来确定平衡时正辛醇中有机物的浓度。首先，取一定体积含已知浓度待测有机化合物的正辛醇，加入一定体积的水，震荡，平衡后分离正辛醇相和水相，测定水相中有机物浓度，根据下式计算分配系数：

$$K_{ow} = \frac{c_0 V_0 - c_w V_w}{c_w V_0}$$

(3-16)

式中　c_0——起始时有机化合物在正辛醇相中的浓度（$\mu L \cdot L^{-1}$）；

　　　c_w——平衡时有机化合物在水相中的浓度（$\mu L \cdot L^{-1}$）；

　　　V_0，V_w——分别为正辛醇相和水相中的体积（L）。

【仪器和试剂】

1. 仪器

(1) 紫外分光光度计。

(2) 恒温振荡器。

(3) 离心机。

(4) 具塞比色管：10mL。

(5) 微量注射器：5mL。

(6) 容量瓶：10mL、25mL、250mL。

2. 试剂

(1) 正辛醇：分析纯。

(2) 乙醇：95%，分析纯。

(3) 对二甲苯：分析纯。

(4) 苯胺：分析纯。

【实验步骤】

1. 标准曲线的绘制

(1) 对二甲苯的标准曲线

移取 1.00mL 对二甲苯于 10mL 容量瓶中，用乙醇稀释至刻度，摇匀。取该溶液 0.10mL 于 25mL 容量瓶中，再用乙醇稀释至刻度，摇匀，此时浓度为 $400\mu L \cdot L^{-1}$。在 5 只 25 mL 容量瓶中各加入该溶液 1.00mL、2.00mL、3.00mL、4.00mL 和 5.00mL，用水稀释至刻度，摇匀。在紫外分光光度计上于波长 227nm 处，以水为参比，测定吸光度值。利用所测得的标准系列的吸光度值对浓度作图，绘制标准曲线。

(2) 苯胺的标准曲线

标准溶液配制方法同上，测定波长为 279 nm。

2. 溶剂的预饱和

将 20mL 正辛醇与 200mL 二次蒸馏水在振荡器上振荡 24 h，使两者相互饱和，静止分层后，两相分离，分别保存备用。

3. 平衡时间的确定及分配系数的测定

(1) 移取 0.40mL 对二甲苯于 10mL 容量瓶中，用上述处理过的被水饱和的正辛醇稀释至刻度，该溶液浓度为 $4 \times 10^4 \mu L \cdot L^{-1}$。

(2) 分别移取 1.00mL 上述溶液于 6 个 10mL 具塞比色管中，用上述处理过的被正辛醇饱和的二次水稀释至刻度。盖紧塞子，置于恒温振荡器上，分别振荡 0.5h、1.0h、1.5h、2.0h、2.5h 和 3.0h，离心分离，用紫外分光光度计测定水相吸光度。取水样时，为避免正辛醇的污染，可利用带针头的玻璃注射器移取水样。首先在玻璃注射器内吸入部分空气，当注射器通过正辛醇相时，轻轻排出空气，在水相中已吸取足够的溶液时，迅速抽出注射器，卸下针头后，即可获得无正辛醇污染的水相。

4. 苯胺平衡时间的确定及分配系数的测定

方法同对二甲苯，用紫外分光光度计测定样品时波长调至 279 nm 处即可。

【数据处理】

1. 根据不同时间化合物在水相中的浓度，绘制化合物平衡浓度随时间的变化曲线，由此确定实验所需要的平衡时间。

2. 利用达到平衡时化合物在水相中的浓度，计算化合物的正辛醇-水分配系数，测定公式为：

$$K_{ow} = \frac{c_0 V_0 - c_w V_w}{c_w V_0} \tag{3-17}$$

注：①正辛醇气味较大，实验时动作要迅速，防止过多的气味排出。实验结束后，废液倒入废液瓶。②为避免误差，每个样品均需用不同的玻璃注射器。

思考题

1. 正辛醇—水分配系数的测定有何意义？

2. 查看附录中的对二甲苯和苯胺的正辛醇—水分配系数，与自己的实验结果对比，看是否相同。如果不同，请分析原因。

实验 6   藻类对水中磷摄取的测定

湖泊的富营养化可以导致"水华"，"水华"是在一定的营养、气候、水文条件和生态环境下形成的藻类过度繁殖和聚集的现象，形成水华的主要藻类有铜绿微囊藻和水华微囊藻、螺旋鱼腥藻和水华鱼腥藻等。由于磷在天然水体富营养化中起到非常重要的作用，是湖泊水体总藻类生长的第一限制因子，因此，需要了解藻类对磷摄取的动力学过程。

【实验目的】

1. 加深对酶化学反应动力学方程了解。

2. 掌握藻类摄取过程的米氏常数测定方法及水中磷的测定方法。

【实验原理】

藻类摄取磷的反应动力学方程是由酶化学反应动力学方程衍变而成。如果一个酶化学反应遵守米氏反应动力学，则反应速度 V 对底物浓度 B 的关系可描述为：

$$V = \frac{V_m [B]}{K_S + [B]} \tag{3-18}$$

式中 V——摄取速率（$\mu mol \cdot L^{-1} \cdot min^{-1}$）；

V_m——最大摄取速率（$\mu mol \cdot L^{-1} \cdot min^{-1}$）；

$[B]$——底物浓度（$mol \cdot L^{-1}$）；

K_S——称为米氏常数或半饱和常数，其物理意义是当 $V + 1/2 V_m$ 时的反应体系中底物浓度，其单位为浓度单位。

将上式改写成下式：$V = V_m - \dfrac{K_S \times V}{[B]}$

则以 $V/[B]$ 作图应得到一直线，此直线的截距为 V_m，斜率为 K_s 由此可以求得 V_m 和 K_s 值。

在几份条件相一致的含藻水样中分别加入不同数量的磷酸盐（底物 B），可得到相应的摄取速率，然后根据上式作图可求出 V_m 和 K_s 值。

【仪器和试剂】

1. 仪器

(1) 干燥箱。

(2) 分光光度计。

(3) 光照培养箱。

(4) 真空抽滤器。

(5) 微孔膜抽滤器。

2. 试剂

(1) 1.5% 碳酸氢钠溶液：溶解 1.5g 碳酸氢钠于水中，并稀释至 100mL。

(2) 硫酸溶液：1:1。

(3) 过硫酸钾（50g·L⁻¹）：将 5g 过硫酸钾溶于水中，并稀释至 100mL。

(4) 抗坏血酸（100g·L⁻¹）：溶解 10g 抗坏血酸于水中，并稀释至 100mL。

(5) 钼酸盐溶液：溶解 13g 钼酸铵于 100mL 水中。溶解 0.35g 酒石酸锑钾于 100mL 水中。在不断搅拌下把钼酸铵溶液缓缓倒入 300mL 1:1 硫酸中，加酒石酸锑钾溶液并且混合均匀。此溶液贮存于棕色试剂瓶中，常温下可保存 2 个月。

(6) 磷标准溶液：取 0.219 7g 于 110℃ 干燥 2h 在干燥器中放冷的磷酸二氢钾，用水溶解后转移至 1 000mL 容量瓶中，加入大约 800mL 水、5mL 1:1 硫酸，用水稀释至标线并混匀。1.00mL 标准溶液中含 50μg 磷。

【实验步骤】

1. 接种用藻种的预培养

将保存的铜绿微囊藻接种于 BG-11 培养液中，培养温度为 28℃，光强 2 200lx，光暗比为 12:12，于培养箱中培养，每隔 2~4h 人工摇匀一次。培养 2~3d 后，再将藻种转接到新的培养基中，按同样的培养条件培养。所有转接均在无菌条件下进行。这样连续转接预培养共 2~3 次，所得铜绿微囊藻浓度经显微镜计数确定超过每毫升的 10^4 个。

用量筒准确量取 20mL 上述铜绿微囊藻溶液，在 3 000~4 000r·min⁻¹ 条件下离心 5~10min，弃去清液。沉淀的藻细胞用 1.5% 的碳酸氢钠溶液重新悬浮，再次离心，以除去营养物及其他物质。这样的洗涤过程要进行 2 次，最后再用碳酸氢钠悬浮，然后将藻种转入无磷"BG-11"培养液中培养 2~3d，使藻种体内蓄积的磷消耗完，从而获得饥饿培养后的藻种，该藻液即为实验用藻种。

2. 藻类摄取不同形态磷的动力学实验

(1) 取 4 个 500mL 锥形瓶，分别移入 120mL 含藻水样（含藻水样贮放在藻类培养瓶中）做好标记。与此同时，准备好微孔膜过滤器和抽滤瓶（共需 4 套）。然后向 4 个反应瓶中分别加入 2mL、4mL、6mL、8mL 磷酸盐反应液，再用无离子水补充，使各瓶总体积为 128mL，摇匀。用4支移液管自各瓶中分别称出25mL反应液放到抽滤管中，开动真空泵抽滤。同时将反应瓶放在25℃培养箱中光照培养，每隔15min摇动反应瓶一次。

（2）经微孔膜过滤后的滤液分别取出20mL放在25mL比色管中，做好标记备用。将抽滤瓶和过滤管洗净，擦干再烘干待用。

（3）取25mL比色管6支，分别加入0、2mL、4mL、6mL、8mL、10mL磷酸盐标准使用液，再用无离子水补充各管总体积为20mL为止，此为标准系列。向各管中加入5mL显色剂，摇匀。显色10~30min范围内比色测定光密度。比色时用3cm比色杯，波长为690nm，做好记录。

（4）测完标准系列后，往4管滤液中也各加入5mL显色剂，和标准系列一样测定吸光度。

（5）每隔1h取25mL反应液过滤，再取20mL，加5mL显色剂，和标准系列一样测定吸光度。总反应时间到达4h后可停止实验。

注：由于本试验是在极低磷酸盐浓度下进行的，故比色管、过滤器等玻璃器皿均需干净，否则实验结果难以达到要求。

【数据处理】

1. 利用回归计算求标准系列值的 a、b、r。
2. 利用标准系列回归方程求各滤液的磷酸盐浓度。
3. 作出不同磷酸盐浓度下的浓度—时间关系图。
4. 从图中求出不同底物浓度下的最大反应速率 V，并求出相应的 $V/[B]$ 值。
5. 以 V 作纵坐标，$V/[B]$ 作横坐标，作图。
6. 求出 V_m 和 K_s。

思考题

1. 比较吸光度与光密度的区别。
2. 比较莫诺特方程与米氏方程的区别。

3.2 综合性实验

实验7 底泥对苯酚的吸附作用

底泥/悬浮颗粒物是底栖生物的生境，也是各种各样污染物的源和汇。当有机污染物进入水体环境后，污染物通过吸附—解析、生物或化学降解、挥发—溶解、在生物体重附近等方式进行迁移转化。其中底泥/悬浮颗粒物的吸附作用对有机污染物的迁移、转化、归趋及生物效应有重要影响，在某种程度上起着决定作用。底泥对有机物的吸附主要包括分配作用和表面吸附。

苯酚是化学工业的基本原料，也是水体中常见的有机污染物。底泥对苯酚的吸附作用与其组成、结构等有关。吸附作用的强弱可用吸附系数表示。本实验以水中底泥为吸附剂，吸附水中的苯酚，测出吸附等温线后，用回归法求出底泥对苯酚的吸附常数。

【实验目的】

1. 绘制底泥对苯酚的吸附等温线，求出吸附常数。

2. 了解水体中底泥的环境化学意义及其在水体自净中的作用。

【实验原理】

水体中底泥对有机污染物的吸附是一个动态的过程。平衡时吸附量和溶液中有机污染物浓度之间的关系可以用吸附线表达。常用的吸附等温线为 Freundlich 型和 langmuir 型两种。本实验采用 Freundlich 型吸附等温线进行回归分析。

$$Q = K\rho^{1/n} \tag{3-19}$$

式中　　Q——单位质量的吸附剂吸附的吸附质的质量（mg·kg^{-1}）；

　　　　ρ——吸附平衡时溶液中吸附质的质量浓度（mg·L^{-1}）；

　　　　K,n——常数，由温度、溶剂、吸附质和吸附剂性质等因素决定，通常 $n>1$。

对上式两边取对数，可得

$$\lg Q = 1/n\ \lg\rho + \lg K$$

以 $\lg Q$ 对 $\lg\rho$ 作图，可得一条直线，斜率为 $1/n$，截距为 $\lg K$。

溶液中 pH 可改变有机物离子化程度，影响底泥中有机质和无机矿物的成分和结构形态，因此，pH 对底泥的吸附性能有一定影响。选定同一种有机污染物，在不同 pH 条件下进行吸附试验，可比较出其吸附能力的不同。

本实验采用 4-氨基安替比林法测定苯酚。即在 pH 10.0 ± 0.2 介质中，在铁氰化钾存在下，苯酚与 4-氨基安替比林法反应，生成的吲哚酚安替比林染料，其水溶液在波长 510nm 处有最大吸收。

【仪器和试剂】

1. 仪器

(1)恒温调速振荡器。

(2)低速离心机。

(3)可见光分光光度计。

(4)离心管：50 mL。

(5)比色管：50 mL。

2. 试剂

(1)无酚水：于 1 L 水中加入 0.2g 经 200℃ 活化 0.5h 的活性炭粉末，充分振荡后，放置过夜。用双层中速滤纸过滤，或加氢氧化钠使水呈碱性，并滴加高锰酸钾溶液至紫红色，移入蒸馏瓶中加热蒸馏，收集流出液备用。本实验应使用无酚水。

注：无酚水应储备于玻璃瓶中，取用时应避免与橡胶制品（橡皮塞或乳胶管）接触。

(2)淀粉溶液：称取 1g 可溶性淀粉，用少量水调成糊状，加沸水至 100mL，冷却，置冰箱保存。

(3)溴酸钾—溴化钾标准参考溶液（$C_{1/6KBrO_3} = 0.1\text{mol·L}^{-1}$）：称取 2.784g 溴酸钾溶于水中，加入 10g 溴化钾，使其溶解，移入 1 000mL 容量瓶中，稀释至标线。

(4)碘酸钾标准参考溶液（$C_{1/6KIO_3} = 0.012\ 5\ \text{mol·L}^{-1}$）：称取预先在 180℃ 烘干的碘酸钾 0.445 8g 溶于水中，移入 1 000mL 容量瓶中，稀释至标线。

(5)硫代硫酸钠标准溶液（$C_{Na_2S_2O_3} = 0.0125\ \text{mol·L}^{-1}$）：称取 3.1g 硫代硫酸钠溶于煮沸放冷的水中，加入 0.2g 碳酸钠，稀释至 1 000mL，临用前，用碘酸钾标定。

标定方法：取 10.0mL 碘酸钾溶液置于 250 mL 碘量瓶中，加水稀释至 100mL，加 1g 碘化钾，再加 5 mL 1:5 硫酸，加塞，轻轻摇匀。置暗处放置 5 min，用硫代硫酸钠溶液滴定至淡黄色，加 1 mL 淀粉溶液，继续滴定至蓝色刚褪去为止，记录硫代硫酸钠溶液用量。按下式计算硫代硫酸钠溶液浓度（$mol \cdot L^{-1}$）：

$$C_{Na_2S_2O_3 \cdot 5H_2O} = \frac{0.012\,5 \times V_4}{V_3} \tag{3-20}$$

式中　V_3——硫代硫酸钠溶液消耗量（mL）；

　　　V_4——移取碘酸钾标准参考溶液量（mL）；

　　　0.012 5——碘酸钾标准参考溶液浓度（$mol \cdot L^{-1}$）。

（6）苯酚标准储备液：称取 1.00g 无色苯酚溶于水中，移入 1 000 mL 容量瓶中，稀释至标线。在冰箱内保存，至少稳定 1 个月。

标定方法：吸取 10.00mL 苯酚储备液于 250mL 碘量瓶中，加水稀释至 100mL，加 10.00mL 0.1mol·L^{-1} 溴酸钾-溴化钾溶液，立即加入 5 mL 盐酸，盖好瓶塞，轻轻摇匀，在暗处放置 10 min。加入 1g 碘化钾，盖好瓶塞，再轻轻摇匀，在暗处放置 5min。用 0.012 5mol·L^{-1} 硫代硫酸钠标准溶液滴定至淡黄色，加入 1mL 淀粉溶液，继续滴定至蓝色刚好褪去，记录用量。同时以水代替苯酚储备液作空白试验，记录硫代硫酸钠标准溶液溴滴定用量。苯酚储备液的浓度由下式计算：

$$\rho_{苯酚} = \frac{(V_1 - V_2) \times c \times 15.68}{V} \tag{3-21}$$

式中　$\rho_{苯酚}$——苯酚储备液的浓度（$mg \cdot mL^{-1}$）；

　　　V_l——空白试验中硫代硫酸钠标准溶液滴定用量（mL）；

　　　V_2——滴定苯酚储备液时，硫代硫酸钠标准溶液滴定用量（mL）；

　　　V——取用苯酚储备液体积（mL）；

　　　c——硫代硫酸钠标准溶液浓度（$mol \cdot L^{-1}$）；

　　　15.68——1/6 苯酚摩尔质量（$g \cdot mol^{-1}$）。

（7）苯酚标准中间液（使用时当天配制）：取适量苯酚储备液，用水稀释，配制成 10μg·mL^{-1} 苯酚中间液。

（8）苯酚标准使用液（使用时当天配制）：取适量苯酚中间液，用水稀释，配制成 0.2 μg·mL^{-1} 苯酚使用液。

（9）缓冲溶液（pH 约为 10）：称取 20g 氯化铵溶于 100mL 氨水中，加塞，置冰箱中保存。

（10）2% 4-氨基安替比林溶液：称取 4-氨基安替比林（$C_{11}H_{13}N_3O$）2g 溶于水，稀释至 100 mL，置于冰箱中保存。可使用 1 周。

（11）8% 铁氰化钾溶液：称取 8g 铁氰化钾 $K_3[Fe(CN)_6]$ 溶于水，稀释至 100mL。置于冰箱内可保存 1 周。

（12）盐酸溶液：0.01mol·L^{-1}。

（13）氢氧化物溶液：0.01mol·L^{-1}。

【实验步骤】

1. 标准曲线的绘制

在 9 支 50mL 比色管中分别加入 0.00、1.00mL、3.00mL、5.00mL、7.00mL、10.00mL、

12.00mL、15.00mL、18.00mL 浓度为 $10\mu g \cdot mL^{-1}$ 的苯酚标准液，用水稀释至刻度。加 0.5 mL 缓冲溶液，混匀。此时 pH 为 10.0 ± 0.2，加 4-氨基安替比林溶液 1.0mL，混匀。再加 1.0mL 铁氰化钾溶液，充分混匀后，放置 10 min，立即在 510nm 波长处，以蒸馏水为参比，用 2cm 比色皿，测量吸光度，记录数据，经空白校正后，绘制吸光度对苯酚含量（$\mu g \cdot mL^{-1}$）的标准曲线。

2. 吸附实验

取 6 只干净的 150mL 碘量瓶，分别在每个碘量瓶内放入 1.0g 左右的沉积物样品（称准到 0.000 1g，以下同）。然后按表 3-2 所给数量加入浓度为 2 000 $\mu g \cdot mL^{-1}$ 的苯酚使用液和无酚水，用盐酸和氢氧化钠调节 pH 为 7.0。加塞密封并摇匀后，将离心管放入振荡器中，在 25℃ 下，以 150r/min 的转速振荡 8h，期间测定 pH 2~3 次，并调节使其 pH 保持在 7.0。振荡结束后静置 30min 后，在离心机上以 3 000r $\cdot$ min^{-1} 速度离心 5min，移出上清液 10mL 至 50mL 容量瓶中，用水定容至刻度，摇匀，然后移出数毫升（视平衡浓度而定）至 50 mL 比色管中，用水稀释至刻度。按绘制标准曲线相同步骤测定吸光度，从标准曲线上查出苯酚的浓度，并计算出苯酚的平衡浓度。

表 3-2 苯酚加入浓度系列

序　号	1	2	3	4	5	6
苯酚使用液/mL	1.0	3.0	6.0	12.5	20.0	25.0
无酚水/mL	24	22	19	12.5	5	0
起始浓度 ρ_0 /($mg \cdot L^{-1}$)	80	240	480	1000	1600	2000
取上清液/mL	2.00	1.00	1.00	1.00	0.50	0.50
稀释倍数	125	250	250	250	500	500

3. pH 影响实验

取 6 只干净的 150mL 碘量瓶，分别在每个碘量瓶内放入 1.0g 左右的沉积物样品。加入的苯酚使用液 25mL，用盐酸和氢氧化钠调节 pH 分别为 5.0、6.0、7.0、8.0、9.0。剩余步骤同上吸附实验。

【数据处理】

1. 计算平衡浓度（ρ_e）及吸附量（Q）

$$\rho_e = \rho_1 \times n$$
$$Q = \frac{\rho_0 - \rho_e \times V}{W \times 1\ 000} \tag{3-22}$$

式中　ρ_0——起始浓度（$\mu g \cdot mL^{-1}$）；

　　　ρ_e——平衡浓度（$\mu g \cdot mL^{-1}$）；

　　　ρ_1——在标准曲线上查得的测量浓度（$\mu g \cdot mL^{-1}$）；

　　　n——溶液的稀释倍数；

　　　V——吸附实验中所加苯酚溶液的体积（mL）；

　　　W——吸附实验所加底泥样品的量（g）；

　　　Q——苯酚在底泥样品上的吸附量（$mg \cdot g^{-1}$）。

2. 利用平衡浓度和吸附量数据绘制苯酚在底泥上的吸附等温线。

3. 利用吸附方程 $Q = K\rho^{1/n}$，通过回归分析求出方程中的常数 K 及 n。

4. 比较不同 pH 下底泥对苯酚的吸附能力。

思考题

1. 影响底泥对有机物的吸附机理？

2. 哪种吸附方程更能准确描述底泥对苯酚的等温吸附曲线？

实验 8　农药在鱼体内的富集分析

农药，是指用于防治危害农作物即农副产品的病虫害、杂草以及其他有害生物的药物的总称。随着农药工业的发展，农药产量的增加，对保证农业丰收起到了重要的推进作用。但与此同时，农药的大量使用也产生了环境污染、生态破坏等不良后果。

有机氯农药成本低、效率高、杀虫谱广，为解决人类温饱问题、增强社会稳定、促进社会发展做出了突出的贡献。机氯农药在给人类带来巨大经济效益的同时，也带来了严重的环境问题。由于大多数有机氯农药稳定的化学性质，残留在环境各介质中和生物体内不易分解，在生物体内富集，并随着食物链放大，最终对人类健康和生态系统产生有害影响。本实验主要测定鱼对水中六六六的生物富集系数。

【实验目的】

1. 掌握有机氯农药的测定方法及生物富集系数的计算。

2. 进一步学习气相色谱的使用方法。

【实验原理】

生物富集是指有机化合物（特别是持久性有机污染物）在水生生物和水体之间的平衡分配过程，常用生物富集因子（系数）来表示，即有机污染物在生物体内浓度和水体浓度达到平衡时，两者浓度之比就是生物富集系数（BCF）。表达式如下：

$$BCF = c_f/c_w \tag{3-23}$$

式中　c_f——有机污染物在生物体内的平衡浓度（$mg \cdot L^{-1}$）。

c_w——有机污染物在水体内的浓度（$mg \cdot L^{-1}$）。

本次实验采用气相色谱法（GC）测定 α-六六六在鱼（鲤鱼）和水体达到平衡时的浓度，确定 α-六六六在鲤鱼体内的生物富集系数。由于所选鲤鱼较小，不考虑 α-六六六被鲤鱼的微量降解作用。此外，为保证水体中 α-六六六浓度不变，而采用流动水体进行。

【仪器和试剂】

1. 仪器

（1）配有电子捕获检测器的气相色谱仪。

（2）高速组织捣碎机。

（3）索氏抽提器（图 3-2）。

（4）旋转蒸发仪。

（5）氮吹仪。

（6）净化柱。

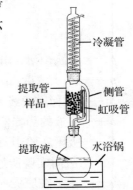

冷凝管

提取管　　　侧管
样品　　　　虹吸管

提取液　　　水浴锅

图 3-2　索氏抽提器

（7）恒温玻璃缸。

（8）循环水泵。

2. 试剂

（1）无水硫酸钠。

（2）正己烷：分析纯，用前经全玻璃蒸馏器重蒸。

（3）二氯甲烷：分析纯，用前经全玻璃蒸馏器重蒸。

（4）甲醇：分析纯，用前经全玻璃蒸馏器重蒸。

（5）α-六六六农药标准溶液。

（6）实验用鱼：采用健康的幼龄鲤鱼作为实验生物，要求无外观畸形，实验前将鱼驯养10d，控制死亡率小于2%。养鱼用水经过空气泵曝气3d的自来水。实验前一天不喂食，随机选取个体差异不大、健康的鲤鱼用于实验。

【实验步骤】

1. 水样中农药的变化趋势

配置一定浓度α-六六六标准溶液稀释于养鱼用水中，使水中α-六六六标准溶液1.0mg·L^{-1}浓度进行实验，水温20℃，70 L水放30条鱼，微量曝气，容器口用盖子盖住，不换水，分别于0h、12h、24h、36h、48h、60h、72h、96h取10mL水样和1条鱼分析其中化合物浓度。另设一缸作对照组，其他条件与实验组一致，但不放鱼，按照上述时间取水样分析作对照。

取出的10mL水样经0.45μm微孔滤膜过滤后，置于离心管中，加入正己烷1mL，剧烈震荡5min，离心2min，上层有机相转移到锥形瓶中；再用同样方法重复萃取两次，合并有机相，用氮气小流量吹扫至1mL，GC-ECD分析。

2. 鱼样中农药样品的提取分离

鱼样取出后先用蒸馏水冲洗，擦干，测体长，称重。经冷冻干燥后绞碎，加无水硫酸钠于索氏提取装置中采用1:1正己烷和二氯甲烷200mL的混合溶剂为提取剂，提取16h后，旋转浓缩，取部分浓缩液经过层析柱净化。柱中上层装2g无水硫酸钠，下层装10g弗罗里土，用100mL正己烷与二氯甲烷7:3的洗脱液洗脱。将收集后的洗脱液经旋转蒸发仪浓缩至2～3mL，以氮气小流量吹扫至1mL，上机分析。

上述所用气相色谱分析条件如下：程序升温，初始柱温150℃，恒温1min，10℃·min^{-1}升至190℃，2℃·min^{-1}升至210℃，10℃·min^{-1}升至260℃，保持3min.；进样口：温度280℃，载气为氮气，进样速度为1.0mL·min^{-1}；色谱柱：VF-17，30m×0.32mm×0.25μm；进样量：1μL；柱流速2mL·min^{-1}。

3. 脂肪含量测定

定量移取步骤2中剩余部分萃取液，倒入已称重的小烧杯内，旋转蒸发至1～2mL，再水浴蒸干，105℃烘烤1h，称重。两次的差值即为脂肪重量。

【数据处理】

1. 观察养鱼水中α-六六六浓度的随时间的变化趋势并作图。

2. 利用公式（3-23）计算。

注：本实验只考虑α-六六六从水相向生物体内的转移，并最终达到平衡时的两者浓度之比表示生物的污染物富集系

数，实际自然水体中，水生生物对水体中的有机污染物有一定的生物降解能力，同时还有小部分有机污染物会随着生物体的排泄作用重新进入水体。而本实验中采用较小的当年生鲤鱼作为实验对象，利用其对 α-六六六的降解能力弱，体内有机物污染较少，对有机物的富集能力极强等优点，忽略生物对有机污染物的生物降解。

思考题

1. 为什么提取液要过净化柱？
2. 除了本实验的方法外，六六六的测定方法还有哪些？

实验 9　鱼体中氯苯类有机污染物的分析

　　由于工业废水的排放使得天然水中含有多种有机污染物，其中很多都是剧毒的，甚至具有致癌作用。有机污染物进入水体后，一方面可以导致水生生物中毒，出现繁殖力下降，寿命缩短等现象，甚至可以导致水生生物的大量死亡；另一方面，由于水生生物对很多有机污染物都具有极强的生物富集作用，必然会给人类健康带来严重的影响。

　　鱼类作为主要的环境监测生物，分析其体内有机污染物的含量可以使我们了解鱼类受有机污染物的侵害程度，同时也可以使我们了解该水体中有机污染状况，准确地预报有毒化学物质的生态效应。

　　氯苯类有机化合物广泛用于染料、医药、农药、有机合成工业中，它们的广泛使用会导致水中该类有机物浓度的增高，对人体健康可造成严重的影响和对生态系统构成严重的威胁。氯苯类中的氯苯、邻二氯苯、间二氯苯、对二氯苯、1, 2, 4-三氯苯是毒性很高的化合物，被美国环境保护局（EPA）列为优先污染物，受到人们议论与关注。实践证明，它们很容易穿透常规水污染控制工程屏障，进入自然环境并长期存留和富集，产生一系列环境问题。

【实验目的】

1. 了解鱼体中有机污染物的分析方法。
2. 掌握痕量有机物富集和浓缩的基本操作和技术。
3. 进一步掌握气相色谱仪的工作原理和使用方法。

【实验原理】

　　主要用气相色谱法分析测定鱼体内的有机污染物，但是测定生物体内有机污染物需要进行预处理。通常采用有机溶剂索氏抽提仪器、K. D. 浓缩器、过净化柱净化，最后 Snyder 蒸馏柱进一步浓缩萃取液，供气相色谱分析。

【仪器和试剂】

1. 仪器
（1）配有 ECD 的气相色谱仪。
（2）高速组织捣碎机。
（3）索氏提取器：60 mL、500 mL。
（4）K. D. 浓缩器（图 3-3）。
（5）Snyder 蒸馏柱。
（6）净化柱。

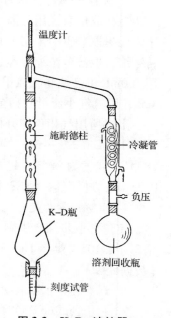

图 3-3　K. D. 浓缩器

2. 试剂

（1）混合标准溶液：用石油醚配制含有 200mg·L⁻¹1，2，3-三氯苯、四氯苯、六氯苯、2-硝基氯苯、3-硝基氯苯和4-硝基氯苯储备液。

氯苯类有机物均为色谱纯。取 1mL 储备液于 100mL 容量瓶中，用石油醚定容，得浓度为 2mg·L⁻¹ 的混合标准溶液。

（2）丙酮：分析纯，用前经全玻璃蒸馏器重蒸。

（3）石油醚：分析纯，用前经全玻璃蒸馏器重蒸。

（4）乙醚：分析纯，用前经全玻璃蒸馏器重蒸。

（5）无水硫酸钠：分析纯，使用前在高温炉 600℃烘干 6h。

（6）硅胶：0.30～0.15mm（60～100 目）使用前在高温炉 600℃烘干 6h，按质量分数 5% 加入蒸馏水脱活，振荡 1h 后，放置过夜。

【实验步骤】

1. 样品的制备

从未受污染的水体中采集幼鱼数条，去头尾和内脏后粉碎混匀。粉碎前用滤纸吸干样品表面血污和残余水分，粉碎时注意混合均匀。

2. 样品的提取

（1）称取混匀后的样品 5g，与 5g 无水硫酸钠一起研磨至无结块为止。按同样的方法做空白和平行样。

（2）将研磨后的混合物装入滤纸管内，置于 60mL 索氏提取器中，并在其中含有平行样的索氏提取器中加入混合标准溶液 1 mL。

（3）用 60 mL 59% 丙酮和 41% 石油醚的混合溶剂作为提取剂，在 60～65℃ 水浴条件下回流提取 2h。

3. 提取液的净化和浓缩

（1）将提取液移入 K.D. 浓缩器中，水浴温度 60～70℃，溶剂流出速度控制在 1～1.5 mL·min⁻¹ 的条件下，浓缩至 2 mL。

（2）在净化柱下端放入少量玻璃棉，然后依次干法装入 10g 硅胶，2g 无水硫酸钠，轻敲柱壁，使填充物尽可能致密。

（3）将浓缩后的提取液置于净化柱顶端，待液面下降到无水硫酸钠部位时，开始加入 10 mL 石油醚，在待液面下降到无水硫酸钠顶部时，加入 30mL 含 5%（V/V）乙醚的石油醚。控制流出速度为 1mL·min⁻¹，若流速过慢，可用氮气在柱顶稍微加压，洗脱液全部接取。

（4）净化后的提取液再经 K.D. 浓缩器浓缩至 5 mL，然后转用 Snyder 柱进一步浓缩。浓缩速度前者控制为 1～1.5 mL·min⁻¹，后者 <1 mL·min⁻¹。最后根据需要浓缩至 1 mL，供气相色谱测定。

上述提取液和浓缩步骤中，均加入经清洗和 600℃ 下，4h 处理的沸石。所用玻璃棉亦经净化处理。

4. 样品测定

取浓缩后的溶液 1uL 注入色谱，测定其保留值和峰高，在相同色谱条件下，取 1uL 标准样注入色谱，测定其保留值和峰高。

色谱条件包括色谱柱：DB-5 柱 $30.0m \times 0.32mm \times 0.25\mu m$；进样口温度：220℃；检测器温度：300℃；升温程序：初始温度 60℃，以 $20℃ \cdot min^{-1}$ 升至 140℃，保持 5min，然后 $5℃ \cdot min^{-1}$ 升至 280℃；载气（N_2）；柱流速：$2mL \cdot min^{-1}$。

【数据处理】

1. 根据标样浓度和色谱图峰高，分别求得空白、样品和加标样品中所含各种有机污染物的含量。

2. 计算加标回收率。

$$P = \frac{(c_2 - c_1)}{c_3} \times 100\% \tag{3-24}$$

式中　P——加标回收率；

　　　c_1——试样浓度（$mg \cdot L^{-1}$），$c_1 = m_1 / V_1$；

　　　c_2——加标后试样浓度（$mg \cdot L^{-1}$），$c_2 = m_2 / V_2$；

　　　c_3——加标量（$mg \cdot L^{-1}$），$c_3 = c_0 \times V_0 / V_2$；

　　　m_1——试样中的物质含量（mg）；

　　　m_2——加标试样中物质含量（mg）；

　　　V_1——试样体积（L）；

　　　V_2——为加标试样体积（L），$V_2 = V_1 + V_0$；

　　　V_0——加标体积（L）；

　　　c_0——加标用标准溶液溶度（$mg \cdot L^{-1}$）。

思考题

1. 测定加标回收率有何意义？

2. 比较 K. D. 浓缩器与选择蒸发仪浓缩的区别。

3.3　创新性实验

实验 10　某水域总氨氮 T_{NH3-N} 测定

水中的氨氮的来源主要为生活污水中含氮有机物受微生物作用分解产物，某些工业废水，如焦化废水和合成氨化肥厂废水等，以及农田排水。在无氧条件下，水中存在的亚硝酸盐可被微生物还原成氨。在有氧环境中，氨也可以氧化为亚硝酸盐，甚至是硝酸盐。

测定水的氨，有助于评价水体被污染和自净情况。鱼类对水中的氨也比较敏感，当氨氮含量过高时会导致鱼类死亡。

【实验目的】

1. 学生通过查阅资料能够自行选择实验方法，并能独立完成实验。

2. 掌握水中总氨氮的测定方法和原理。

【实验原理】

实验以 4 ~ 6 人一组对学校周边天然或水体采样，通过查阅文献自行选择实验方法，完成实验。实验包括采样工具的准备，采样点的布设，水样的保存。室内分析所需的仪器的调试，药品试剂的配制。请严格按照采样及实验操作规程进行实验，采样注意安全。

【实验预期结果】

水中氨氮的测定方法有很多如纳氏试剂分光光度法、水杨酸-次氯酸盐分光光度法、滴定法、气相分子吸收光谱法等。请根据自己的采集的水样自行设计水样预处理及实验测定的方法，说明选择方法的理由，比较各方法的特点。

实验 11　某水域中重金属的分布与评价

水体中的重金属来源有很多，如工业废水、矿山废水、农药等这些重金属在水体中主要通过沉淀溶解、氧化还原、吸附解吸、络合、胶体形成等一系列物理化学过程进行迁移转化，最终以一种或多种形态长期驻留在环境中，造成永久性的潜在危害。这一过程几乎都是在水-沉积物界面进行并取决于水体和沉积物中重金属的形态、水质条件、沉积物组成和环境因素等。因此，对污染水体中的重金属污染分布特征及其化学形态进行研究，弄清它们在水体和沉积物之间的迁移转化机制与规律，不仅可以用来评价重金属对水体生态环境的潜在影响，也可为水体环境污染防治提供理论依据。

【实验目的】

1. 初步掌握水质分析的基本方法及方案设计；能独立完成水质重金属含量的测定。

2. 掌握水和沉积物中重金属的测定方法和原理。

【实验原理】

实验以 4~6 人一组对河流采样。自行设计实验方案，选择 1~2 种重金属如铅、镉、砷等进行测定。实验包括采样工具的准备，采样点或断面的布设，采样时间和采样频率的方案与分工，水样的保存。室内分析所需的仪器的调试，药品试剂的配制。请严格按照采样及实验操作规程进行实验，采样注意安全。采集样品包括水样和沉积物。画出采样布点图。

【实验预期结果】

通过实验可以得到水体、水中悬浮颗粒及沉积物重金属分布情况。比较水体、悬浮颗粒和沉积物中重金属含量。初步了解重金属在水体中的迁移转化规律。并根据所学知识进行环境现状质量评价。

第 **4** 章

土壤环境化学

4.1 基础性实验

实验 1　土壤有机碳的测定

　　土壤有机碳库是陆地生态系统中最大而且周转时间最长的碳库，其微小变化将会显著改变大气中温室气体的浓度。同时也影响到陆地植被的养分供应，进而对陆地生态系统的分布、组成、结构和功能产生深刻影响。为了减少人为碳排放，增加土壤碳贮存、延长土壤碳的固定时间等问题，就必须来了解土壤有机碳的库容及其动态变化过程。测定土壤中有机碳的含量，对于准确估算土壤碳库储量，正确评价土壤在陆地生态系统碳循环，全球碳循环以及全球变化中的作用具有重要意义。

【实验目的】

　　1. 了解土壤有机碳对土壤环境和全球气候变化的重要意义。

　　2. 掌握土壤有机碳的测定方法。

【实验原理】

　　在加热条件下，土壤样品中的有机碳被过量重铬酸钾 – 硫酸溶液氧化，重铬酸钾中的六价铬(Cr^{6+})被还原为三价铬(Cr^{3+})，其含量与样品中有机碳的含量成正比，于 585nm 波长处测定吸光度，根据三价铬(Cr^{3+})的含量计算有机碳含量。

【仪器和试剂】

　　1. 仪器

　　(1) 恒温加热器。

　　(2) 分光光度计。

　　(3) 天平：精度为 0.1mg。

　　(4) 具塞消解玻璃管：具有 100mL 刻度线，管径为 35～45mm。

　　(5) 离心机：0～3 000r·min^{-1}，配有 100mL 离心管。

　　2. 试剂

　　(1) 重铬酸钾溶液：$c(K_2Cr_2O_7) = 0.27$mol·L^{-1}。

　　称取 80.00g 重铬酸钾溶于适量水中，溶解后移至 1 000mL 容量瓶，用水定容，摇匀。该溶液贮存于试剂瓶中，4℃下保存。

（2）硫酸（H_2SO_4，$\rho = 1.84g \cdot cm^{-3}$，化学纯）。

（3）硫酸汞。

（4）葡萄糖标准使用液：$\rho(C_6H_{12}O_6) = 10.00g \cdot L^{-1}$。

称取 10.00g 葡萄糖溶于适量水中，溶解后移至 1 000mL 容量瓶，用水定容，摇匀。该溶液贮存于试剂瓶中，有效期为 1 个月。

【实验步骤】

1. 标准曲线的绘制

分别量取 0.00、0.50mL、1.00mL、2.00mL、4.00mL 和 6.00mL 葡萄糖标准使用液于 100mL 具塞消解玻璃管中，其对应有机碳质量分别为 0.00、2.00mg、4.00mg、8.00mg、16.0mg 和 24.0mg。

分别加入 0.1g 硫酸汞和 5.00 mL 重铬酸钾溶液，摇匀。再缓慢加入 7.5mL 硫酸，轻轻摇匀。

开启恒温加热器，设置温度为 135℃。当温度升至接近 100℃时，将上述具塞消解玻璃管开塞放入恒温加热器的加热孔中，以仪器温度显示 135℃时开始计时，加热 30min。然后关掉恒温加热器开关，取出具塞消解玻璃管水浴冷却至室温。向每个具塞消解玻璃管中缓慢加入约 50mL 蒸馏水，继续冷却至室温。再用蒸馏水定容至 100mL 刻度线，加塞摇匀。

于波长 585nm 处，用 10mm 比色皿，以蒸馏水为参比，分别测量吸光度。

以零浓度校正吸光度为纵坐标，以对应的有机碳质量为横坐标，绘制标准曲线。

2. 样品测定

准确称取适量土壤样品（过 60 目筛），加入到 100mL 具塞消解玻璃管中，避免蘸壁。按照标准曲线的绘制方法，加入试剂，进行消解、冷却、定容（同时做空白试验）。将定容后试液静置 1h，取约 80mL 上清液至离心管中以 2 000r · min⁻¹ 离心分离 10min，再静置至澄清；或在具塞消解玻璃管内直接静置至澄清。最后取上清液测定吸光度。土壤有机碳含量与试样取样量关系见表 4-1。

表 4-1　土壤有机碳含量与试样取样量关系

土壤有机碳含量/%	0.00 ~ 4.00	4.00 ~ 8.00	8.00 ~ 16.0
试样取样量/g	0.400 0 ~ 0.500 0	0.200 0 ~ 0.250 0	0.100 0 ~ 0.125 0

【结果计算】

$$m_1 = m \times \frac{w_{dm}}{100}$$

$$w_{oc} = \frac{(A - A_0 - a)}{b \times m_1 \times 1\ 000} \times 100 \tag{4-1}$$

式中　m_1——试样中干物质的质量（g）；

m——试样取样量（g）；

w_{dm}——土壤的干物质含量（质量分数）（%）；

w_{oc}——土壤样品中有机碳的含量（以干重计，质量分数）（%）；

A——试样消解液的吸光度；

A_0——空白试验的吸光度；

a——标准曲线的截距；

b——标准曲线的斜率。

思考题

土壤有机碳对土壤养分供应和生态环境具有怎样的重要意义？

实验 2　土壤的阳离子交换量的测定

土壤是环境中污染物迁移、转化的重要场所。污染物在土壤表面的吸附及离子交换能力与土壤的组成、结构有关。对土壤吸附性能的测定有助于了解土壤对污染物质的净化能力及对污染负荷的允许程度。阳离子主要有 Ca^{2+}、Mg^{2+}、Al^{2+}、Na^+、K^+ 和 H^+ 等，它们往往被吸附于矿物质胶体表面上，决定着黏土矿物的阳离子交换行为。土壤阳离子交换性能，是指土壤溶液中的阳离子与土壤固相的阳离子之间所进行的交换作用。土壤的阳离子交换量（Cation Exchange Capacty，CEC），是指土壤胶体所能吸附的各种阳离子的总量，以每千克土壤的厘摩尔数表示（$cmol \cdot kg^{-1}$）。阳离子交换量的大小，是评价土壤交换性能的指标，对于反映环境中污染物的迁移、转化是十分重要的。

【实验目的】

1. 深刻理解土壤阳离子交换性能的内涵及其环境化学意义。

2. 掌握土壤阳离子交换量的测定原理和方法。

【实验原理】

用乙酸铵溶液反复处理土壤，使土壤成为 NH_4^+ 饱和土。然后用淋洗法或离心法将多余的乙酸铵用 95% 乙醇或 99% 异丙醇反复洗去后，用水将土壤洗入凯氏定氮蒸馏瓶中，加固体氧化镁蒸馏。蒸馏出来的氨用硼酸溶液吸收，然后用盐酸标准溶液滴定。根据 NH_4^+ 的量计算土壤阳离子交换量。

【仪器和试剂】

1. 仪器

（1）离心机。

（2）离心管：100 mL。

（3）凯氏瓶：150 mL。

（4）定氮仪。

（5）移液管：10 mL 、25 mL。

（6）碱式滴定管：25 mL。

2. 试剂

（1）乙酸铵溶液 ［$c(CH_3COONH_4) = 1.0 mol \cdot L^{-1}$，pH 7.0］：77.09g 乙酸铵（$CH_3COONH_4$，化学纯）用水溶解，稀释至 1L，用 1:1 氨水或稀乙酸调节至 pH7.0，然后稀释到 1L。

（2）乙醇［$\varphi(CH_3CH_2OH) = 95\%$，工业用，必须无 NH_4^+］。

（3）液体石蜡（化学纯）。

（4）甲基红-溴甲酚绿混合指示剂：0.099g 溴甲酚绿和 0.066g 甲基红于玛瑙研钵中，加入少量 95% 乙醇，研磨至指示剂完全溶解为止，最后加 95% 乙醇至 100mL。

（5）硼酸-指示剂溶液：20g 硼酸（H_3BO_3，化学纯）溶于 1L 水中。每升硼酸溶液中加入甲基红-溴甲酚绿混合指示剂 20mL，并用稀酸或稀碱调至紫红色（葡萄酒色），此时该溶液的 pH 为 4.5。

（6）盐酸标准溶液[$c(HCl) = 0.05mol \cdot L^{-1}$]：每升水中加入 4.5mL 浓盐酸，充分混匀，用硼砂标定。

（7）pH10.0 缓冲溶液：67.5g 氯化铵（NH_4Cl，化学纯）溶于无二氧化碳的水中，加入新开瓶的浓氨水（化学纯，$\rho = 0.9g \cdot cm^{-3}$，含氨 25%）570mL，用水稀释至 1L，贮存于塑料瓶中，并注意防止吸入空气中的二氧化碳。

（8）K-B 指示剂：0.5g 酸性铬蓝 K 和 1.0g 萘酚绿 B，与 100g 于 105℃ 烘过的氯化钠一同研细磨匀，越细越好，贮于棕色瓶中。

（9）固体氧化镁：将氧化镁（MgO，化学纯）放在镍蒸发皿内，在 500～600℃ 高温电炉中灼烧 30min，冷却后贮藏在密闭的玻璃器皿中。

（10）纳氏试剂：134g 氢氧化钾（KOH，分析纯）溶于 460mL 水中。20g 碘化钾（KI，分析纯）溶于 50mL 水中，加入大约 3g 碘化汞（HgI_2，分析纯），使溶解至饱和状态，然后将两溶液混合即成。

【实验步骤】

称取通过 2mm 筛的风干土样 2.00g（质地轻的土壤称 5.00g），放入 100mL 离心管中，沿管壁加入少量乙酸铵溶液，用橡皮头玻璃棒搅拌土样，使其成为均匀的泥浆状态。再加入乙酸铵溶液至总体积约 60mL，并充分搅拌均匀，然后用乙酸铵容易洗净橡皮头玻璃棒，溶液收入离心管内。

将离心管成对放在粗天平的两盘上，用乙酸铵溶液使之质量平衡。平衡好的离心管对称地放入离心机中；离心 3～5min，转速 3 000～4 000r·min^{-1}，离心后的清液弃去。如此用乙酸铵溶液处理 3～5 次，直到最后浸出液中无钙离子反应为止。（检查钙离子的方法：取最后 1 次浸出液 5mL 放在试管中，加 pH10 缓冲液 1mL，加少许 K-B 指示剂。如溶液呈蓝色，表示无钙离子；如溶液呈紫红色，表示有钙离子，还要由乙酸铵继续浸提。）

向载土的离心管中加少量乙醇溶液，用橡皮头玻璃棒搅拌土样，使其成为泥浆状态，再加乙醇或异戊醇约 60mL，用橡皮头玻璃棒充分搅匀，以便洗去土粒表面多余的乙酸铵，且不可有小土团存在。然后用天平成对称取离心管的质量，用乙醇溶液使之质量平衡，并对称放入离心机中，离心 3～5min，转速 3 000～4 000r·min^{-1}，离心后的乙醇溶液弃去。如此反复用乙醇洗 3～5 次，直至最后一次乙醇溶液中无 NH_4^+ 为止，用纳氏试剂检查。

洗净多余的铵离子后，用蒸馏水冲洗离心管的外壁，往离心管内加入少量水，并搅拌成糊状，用水把泥浆洗入与定氮仪配套的凯氏定氮蒸馏管中，并用橡皮头玻璃棒擦洗离心管的内壁，使全部土壤转入凯氏定氮蒸馏管中，加 2mL 液状石蜡和 1g 氧化镁，立即把凯氏定氮蒸馏管装在定氮仪上进行蒸馏，蒸馏出来的氨用 20mL 硼酸溶液吸收，然后用盐酸标准溶液滴定，根据铵的量计算土壤阳离子交换量。同时进行空白实验。

【数据处理】

$$CEC[c \; \text{mol} \cdot \text{kg}^{-1}(+)] = \frac{c \times (V - V_0) \times 10^{-1}}{m} \times 1\,000 \tag{4-2}$$

CEC——土壤阳离子交换量$[c \; \text{mol} \cdot \text{kg}^{-1}(+)]$;

c——盐酸标准溶液的浓度$(\text{mol} \cdot \text{L}^{-1})$;

V——盐酸标准溶液的用量(mL);

V_0——空白试验盐酸标准溶液的用量(mL);

m——土样的质量(g);

10^{-1}——将 m mol 换算成 c mol 的系数。

$1\,000$——换算成每千克土的交换量。

思考题

1. 还有哪些方法可以用来测定土壤阳离子交换量?

2. 土壤的阳离子交换能力对污染物迁移转化的影响。

实验 3 底质中磷酸盐的溶出速率的测定

磷是造成湖泊水质富营养化的关键性的限制性因素之一。一般认为当水体中磷浓度在 $0.02 \; \text{mg} \cdot \text{L}^{-1}$ 以上时,对水体的富营养化就起到明显的促进作用。由于近年来大量未经处理的生活污水加上农业面源氮磷的大量流失,造成河流尤其是河口富营养化趋势的逐年加剧。大量的磷在河流等水体中沉积下来,其在适宜的条件下会重新释放进入水体,从而延续水体的富营养化过程并加剧了水体的恶化。

【实验目的】

1. 掌握底质中磷酸盐的溶出速率的测定方法。

2. 一级速率方程式平衡常数计算方法。

【实验原理】

大量的氨、磷被底泥吸附,同时底泥中的氨、磷又不断地向上复水溶出。所以,研究湖泊底质对上覆水的氨、磷溶出是解决湖泊富营养化的一个重要参数,本实验是以磷污染较严重的底质向上复水溶出的速率。

【仪器和试剂】

1. 仪器

(1)722 分光光度计。

(2)25mL 比色管 15 支。

2. 试剂

(1)磷酸盐储备液。

称取 0.219 7g 105℃烘干的磷酸二氢钾溶于 800mL 蒸馏水中,加入 5mL(1:1)硫酸,定溶于 1 000mL,浓度为 $50.0\mu\text{g} \cdot \text{mL}^{-1}$。

(2)取 10mL 上述溶液于 250mL 容量瓶中定容,浓度为 $2.0\mu\text{g} \cdot \text{mL}^{-1}$。

(3)钼酸铵溶液:称 13.0g 钼酸铵和 0.35g 酒石酸锑钾,溶于 200mL 蒸馏水中,慢慢加入(1:1)硫酸 300mL,摇匀。

(4)10% 抗坏血酸溶液。

【实验步骤】

1. 一定量的底泥加入到 500mL 烧杯的底部,再用一根玻璃棒紧贴着溶出管的内壁,慢慢加入自来水至烧杯的刻度(注意不要使水混浊)在 0、5min、10min、20min、40min、60min、90min 取上复水的表层水样,每次取样 40mL,用无磷滤纸过滤,取 25.00 mL 滤液于 25mL 比色管待测。

2. 取 7 支 25mL 比色管,分别加入 0、0.5mL、1.0mL、3.0mL、5.0mL、10.0mL、15.0mL 浓度为 2.0 μg·mL^{-1},磷酸盐溶液,于 25mL 比色管中,用蒸馏水定容至 25mL,以此为标准曲线。

3. 将上述溶出液和标准曲线的各个比色管中,分别加入 1mL10% 抗坏血酸混匀,30s 后加入钼酸铵溶液 2mL,充分摇匀,15min 以后试剂空白为参比,在 700nm 处测定吸光度。

【数据处理】

1. 把不同时间测得的数据列入表 4-2。其中:VT 为上覆水总体积(mL);C 为溶出水磷酸盐浓度(μg·L^{-1});q 为每次测定溶出总量(μg),$q = C \cdot VT$;Q 为单位面积溶出量(μg·cm^{-2}),$Q = q/S$;S 为烧杯的底面积(cm^2)。

2. 计算出溶出速度,求出溶出速度常数 K,溶出速度(平均)$V = Q/t$(μg·cm^{-2}·h^{-1}),$V = dQ/dt = KQ$ 积分取对数,以 $\ln Q$ 对 t 作图,由斜率求 K。

表 4-2 各个时间测得数据

t/h	VT/mL	C/(mL·L^{-1})	Q/μg	Q/(μg·cm^2)	$\ln Q$

2. 计算溶出速度,求得溶出速度常数 K,溶出速度(平均)$V = Q/t$(μg·cm^{-2}·h^{-1}),$V = dQ/dt = KQ$ 积分取对数,以 $\ln Q$ 对 t 作图,由斜率求 K。

思考题

底质中磷酸盐溶出速率的影响因素有哪些?

实验 4 土壤对铜的吸附作用

铜是植物生长所必不可少的微量营养元素,但过量的重金属也可引起植物的生理功能紊乱,营养失调。由于重金属不能被土壤中的微生物所降解,因此,可在土壤中不断地积累,也可为植物所富集并通过食物链危害人体健康。土壤的铜污染主要是来自于铜矿开采和冶炼过程。进入到土壤中的铜会被土壤中的黏土矿物微粒和有机质所吸附,其吸附能力的大小将影响铜在土壤中的迁移转化。重金属在土壤中的迁移转化主要包括吸附作用、配合作用、沉淀溶解作用和氧化还原作用，其中以吸附作用最为重要。因此，研究土壤对铜的吸附作用及其影响因素具有非常重要的意义。

【实验目的】

1. 了解土壤对铜吸附作用的影响因素。
2. 学会建立吸附等温式的方法。

【实验原理】

土壤对重金属铜的吸附能力受许多因素的影响，有机质含量和 pH 是两个比较重要的影响因素。为此，本实验通过向土壤中添加一定数量的腐殖质和调节待吸附铜溶液的 pH，分别测定上述两种因素对土壤吸附铜的影响。

土壤对铜的吸附可采用 Freundlich 吸附等温式来描述。即：

$$Q = Kc^{1/n} \tag{4-4}$$

式中　Q——土壤对铜的吸附量（$mg \cdot g^{-1}$）；

c——吸附达平衡时溶液中铜的浓度（$mg \cdot L^{-1}$）；

$K，n$——经验常数，其数值与离子种类、吸附剂性质及温度等有关。

将 Freundlich 吸附等温式两边取对数，可得：

$$\lg Q = \lg K + \frac{1}{n}\lg c$$

以 $\lg Q$ 对 $\lg c$ 作图可求得常数 K 和 n，将 K、n 代入 Freundlich 吸附等温式，便可确定该条件下 Freundlich 吸附等温式方程，由此可确定吸附量 Q 和平衡浓度 c 之间的函数关系。

【仪器和试剂】

1. 仪器

(1)原子吸收分光光度计。

(2)恒温振荡器。

(3)离心机。

(4)酸度计。

(5)复合电极。

(6)容量瓶：50mL、250mL、500mL。

(7)离心管：100mL。

2. 试剂

(1)二氯化钙溶液（$0.01 mol \cdot L^{-1}$）：称取 1.5 g $CaCl_2 \cdot 2H_2O$ 溶于 1 L 水中。

(2)铜标准溶液（$1\ 000\ mg \cdot L^{-1}$）：将 0.500 0g 金属铜（99.9 %）溶解于 30mL 1:1 HNO_3 中，用水定容至 500mL。

(3)50 mg · L^{-1} 铜标准溶液：吸取 25 mL $1\ 000\ mg \cdot L^{-1}$ 铜标准溶液于 500 mL 容量瓶中，加水定容至刻度。

(4)硫酸溶液：$0.5\ mol \cdot L^{-1}$。

(5)氢氧化钠溶液：$1\ mol \cdot L^{-1}$。

(6)铜标准系列溶液（pH = 2.5）：分别吸取 10.00mL、15.00mL、20.00mL、25.00mL、

30. 00 mL 的铜标准溶液于 250mL 烧杯中，加 0.01mol·L^{-1} CaCl$_2$溶液，稀释至 240 mL，先用 0.5 mol·L^{-1}H$_2$SO$_4$调节 pH = 2，再以 1 mol·L^{-1} NaOH 溶液调节 pH = 2.5，将此溶液移入 250 mL 容量瓶中，用 0.01 mol·L^{-1} CaCl$_2$溶液定容。该标准系列溶液浓度为 40.00mg·L^{-1}、50.00mg·L^{-1}、60.00mg·L^{-1}、100.00mg·L^{-1}、120.00 mg·L^{-1}。按同样方法，配制 pH =5.5 的铜标准系列溶液。

（7）腐殖酸(生化试剂)。

（8）1 号土壤样品：将新采集的土壤样品经过风干、磨碎，过 0.15mm（100 目）筛后装瓶备用。

（9）2 号土壤样品：取 1 号土壤样品 300g，加入腐殖酸 30g，磨碎，过 0.15 mm（100 目）筛后装瓶备用。

【实验步骤】

1. 标准曲线的绘制

吸取 50 mg·L^{-1}的铜标准溶液 0.00、0.50mL、1.00mL、2.00mL、4.00mL、6.00mL、8.00mL、10.00 mL 分别置于 50 mL 容量瓶中，加 2 滴 0.5mol·L^{-1}的 H$_2$SO$_4$，用蒸馏水定容，其浓度分别为 0、0.50mg·L^{-1}、1.00mg·L^{-1}、2.00mg·L^{-1}、4.00mg·L^{-1}、6.00mg·L^{-1}、8.00mg·L^{-1}、10.00 mg·L^{-1}。然后在原子吸收分光光度计上测定吸光度。根据吸光度与浓度的关系绘制标准曲线。

2. 土壤对铜的吸附平衡时间的测定

（1）分别称取 1、2 号土壤样品各 8 份，每份 1.000g 于 100 mL 离心管中。

（2）向每份样品中各加入 50 mg·L^{-1}铜标准溶液 50mL。

（3）将上述样品在室温下以 180 次·min^{-1}频率进行振荡，分别在振荡 1.0min、5.0min、10.0min、30.0min、60.0min、120.0min、240.0min 和 480min 后，以 3 000rpm 转速离心分离 10min，迅速吸取上层清液 10 mL 于 50 mL 容量瓶中，加 2 滴 0.5 mol·L^{-1}的 H$_2$SO$_4$溶液，用蒸馏水定容后，用原子吸收分光光度计测定吸光度。以上内容分别用 pH 为 2.5 和 5.5 的 100mg·L^{-1}的铜标准溶液平行操作。根据实验数据绘制溶液中铜浓度对反应时间的关系曲线，以确定吸附平衡所需时间。

3. 土壤对铜的吸附量的测定

（1）分别称取 1、2 号土壤样品各 10 份，每份 1.000g，分别置于 100mL 离心管中。

（2）依次加入 50 mL pH 为 2.5 和 5.5、浓度为 40.00mg·L^{-1}、50.00mg·L^{-1}、60.00mg·L^{-1}、100.00mg·L^{-1}、120.00 mg·L^{-1}铜标准系列溶液，盖上塞后置于恒温振荡器上振荡至吸附平衡。

（3）离心分离 10 min，吸取上层清液 10mL 于 50mL 容量瓶中，加 2 滴 0.5mol·L^{-1}的 H$_2$SO$_4$溶液，用蒸馏水定容后，用原子吸收分光光度计测定吸光度。

【数据处理】

1. 土壤对铜的吸附量可通过式(4-5)计算

$$Q = \frac{(\rho_0 - \rho)V}{1\,000W} \tag{4-5}$$

式中　Q——土壤对铜的吸附量(mg·g^{-1})；

ρ_0——溶液中铜的起始浓度($mg \cdot L^{-1}$);

ρ——溶液中铜的平衡浓度($mg \cdot L^{-1}$);

V——溶液的体积(mL);

W——烘干土样重量(g)。

由此方程可计算出不同平衡浓度下土壤对铜的吸附量。

2. 建立土壤对铜的吸附等温线

以吸附量(Q)对浓度(ρ)作图即可制得室温下不同 pH 条件下土壤对铜的吸附等温线。

3. 建立 Freundlich 方程

以 $\lg Q$ 对 $\lg \rho$ 作图,根据所得直线的斜率和截距可求得两个常数 K 和 n,由此可确定室温时不同 pH 条件下不同土壤样品对铜吸附的 Freundlich 方程。

思考题

1. 有机质和 pH 值对铜的吸附量有何影响?为什么?

2. Freundlich 方程中的常数 K 和 n 有何物理意义?当这两个常数发生变化,说明土壤的吸附能力有什么异同?

实验 5　土壤脲酶活性的测定

脲酶存在于大多数细菌、真菌和高等植物里。它是一种酰胺酶,能酶促有机物质分子中酶键的水解。脲酶的作用是极为专性的,它仅能水解尿素,水解的最终产物是氨和二氧化碳、水($H_2NCONH_2 + H_2O \xrightarrow{\text{脲酶}} 2NH_3 + CO_2$)。土壤脲酶活性,与土壤的微生物数量、有机物含量、全氮和速效磷含量呈正相关。根据土壤脲酶活性较高,中性土壤脲酶活性大于碱性土壤。人们常用土壤脲酶活性表征土壤的氮素状况。

【实验目的】

1. 了解脲酶在尿素水解反应中的作用。

2. 掌握土壤中脲酶的测定方法。

【实验原理】

土壤中脲酶活性的测定是以尿素为基质经酶促反应后测定生成的氨量,也可以通过测定未水解的尿素量来求得。本方法以尿素为基质,根据酶促产物氨与苯酚－次氯酸钠作用生成蓝色的靛酚,来分析脲酶活性。

【仪器和试剂】

1. 仪器

(1)培养箱或恒温水浴。

(2)分光光度计。

2. 试剂

(1)甲苯($C_6H_5CH_3$)。

(2)10% 尿素:称取 10g 尿素,用水溶至 100mL。

(3)柠檬酸盐缓冲液(pH6.7):184g 柠檬酸和 147.5g 氢氧化钾溶于蒸馏水。

将两溶液合并，用 $1 mol \cdot L^{-1}$ NaOH 将 pH 调至 6.7，用水稀释至 1 000 mL。

（4）苯酚钠溶液（$1.35 mol \cdot L^{-1}$）：62.5g 苯酚溶于少量乙醇，加 2 mL 甲醇和 18.5 mL 丙酮，用乙醇稀释至 100mL（A），存于冰箱中；27g NaOH 溶于 100 mL 水（B）。将 AB 溶液保存在冰箱中。使用前将两溶液各 20 mL 混合，用蒸馏水稀释至 100 mL。

（5）次氯酸钠溶液：用水稀释试剂，至活性氯的浓度为 0.9%，溶液稳定。

（6）氮的标准溶液：精确称取 0.471 7g 硫酸铵溶于水并稀释至 1 000mL，得到 1mL 含有 0.1mg 氮的标准液；再将此液稀释 10 倍制成氮的工作液（$0.01 mg \cdot mL^{-1}$）

【实验步骤】

（1）样品制作

称取 5g 土样于 50mL 三角瓶中，加 2mL 甲苯，振荡摇匀，15min 后加 10 mL 10% 尿素溶液和 20 mL pH6.7 柠檬酸缓冲溶液，摇匀后在 37℃ 恒温培养箱培养 24h。培养结束后过滤，过滤后取 1 mL 滤液加入 50 mL 容量瓶中，再加 4 mL 苯酚钠溶液和 3 mL 次氯酸钠溶液，边加边摇匀。20min 后显色，定容。1h 内在分光光度计于 578nm 波长处比色。（靛酚的蓝色在 1h 内保持稳定）。

（2）标准曲线制作

在测定样品吸光值之前，分别取 0、1mL、3mL、5mL、7mL、9mL、11mL、13 mL 氮工作液，移于 50 mL 容量瓶中，然后补加蒸馏水至 20 mL。再加入 4 mL 苯酚钠溶液和 3 mL 次氯酸钠溶液，边加边摇匀。20min 后显色，定容。1h 内在分光光度计上于 578nm 波长处比色。然后以氮工作液浓度为横坐标，吸光值为纵坐标，绘制标准曲线。

【数据处理】

以 24h 后 1g 土壤中 NH_3-N 的毫克数表示土壤脲酶活性（Ure）

$$Ure = (a_{样品} - a_{无土} - a_{无基质}) \times V \times n / m \qquad (4\text{-}6)$$

式中　$a_{样品}$——样品吸光值由标准曲线求得的 NH_3-N 的毫克数；

　　　$a_{无土}$——无土对照吸光值由标准曲线求得的 NH_3-N 的毫克数；

　　　$a_{无基质}$——无基质对照吸光值由标准曲线求得的 NH_3-N 的毫克数；

　　　V——显色液体积；

　　　n——分取倍数，浸出液体积/吸取滤液体积；

　　　m——烘干土重。

思考题

1. 除了测定尿素降解产物氨外，还能有什么方法可以测定脲酶的活性？

2. 实验加入甲苯有什么作用？

4.2　综合性实验

实验 6　土壤中农药残留的测定

为了促进农作物生长、防止病害虫害，人类不断研制、生产和使用大量的各种类型的化学农药。农药主要包括杀虫剂、杀菌剂及除草剂，常见的农药可分为有机氯、有机磷、有机汞和有机砷农药等。农业生产中大量而持续地使用农药，可导致其在土壤中不断累积，造成土壤农药污染。农药可通过土壤淋溶等途径污染地下水，通过土壤—作物系统迁移积累影响农作物的产量和质量，乃至农产品的安全，最终经由食物链直接或间接影响人群健康。土壤农药污染的程度可用残留性来描述。

有机磷农药是有毒农药中最普遍的种类，虽然它的大量使用提高了作物的产量，但对环境和人体健康造成一定的危害。有机磷农药的大量使用引起的食物中毒现象在我国食物中毒中占第一位。因此，评价有机磷农药残留性，对防治土壤农药污染及研制新型农药均具有重要的参考价值。

【实验目的】

1. 掌握从土壤中提取有机磷农药的方法。
2. 掌握气相色谱法的定性、定量方法。
3. 理解农药残留性评价的环境化学意义。

【实验原理】

用极性有机溶剂分 3 次萃取土壤中有机磷农药，用带火焰光度检测器（FPD）的气相色谱法测定有机磷农药的含量。火焰光度检测器对含硫、磷的物质有较高的选择性，当含硫、磷的化合物进入燃烧的火焰中时，将发生一定波长的光，用适当的滤光片，滤去其他波长的光，然后由光电倍增管将光转变为电信号。放大后记录。当所用仪器不同时，方法的检出范围不同。通常的最小检出浓度为：乐果 $0.02\,\mu g \cdot mL^{-1}$；甲基对硫磷 $0.01\,\mu g \cdot mL^{-1}$；马拉硫磷 $0.02\ \mu g \cdot mL^{-1}$；乙基对硫磷 $0.01\ \mu g \cdot mL^{-1}$。

【仪器和试剂】

1. 仪器

（1）气相色谱仪：带火焰光度检测器。

（2）旋转蒸发仪。

（3）振荡器。

（4）分液漏斗：1 000 mL。

（5）Celite 545 布氏漏斗。

（6）量筒：100 mL，50 mL。

2. 试剂

（1）丙酮：分析纯。

（2）二氯甲烷：分析纯。

（3）氯化钠：分析纯。

（4）色谱固定液：OV-101、OV-210。

（5）载体：ChromosorbWHP（80 ~ 100 目）。

（6）有机磷农药标准储备溶液：将色谱纯乐果、甲基对硫磷、马拉硫磷，乙基对硫磷用丙酮配制成 $300\ \mu g \cdot mL^{-1}$ 的单标储备液（冰箱内 4℃ 保存 6 个月），再分别稀释 30 ~ 300 倍，配成适当浓度的标准使用溶液（冰箱内 4℃ 保存 1 ~ 2 个月）。

【实验步骤】

1. 样品的采集与制备

用金属器械采集样品,将其装入玻璃瓶,并在到达实验室前使它不致变质或受到污染。样品到达实验室之后应尽快进行风干处理。

将采回的样品全部倒在玻璃板上,铺成薄层,经常翻动。在阴凉处使其慢慢风干。风干后的样品,用玻璃棒碾碎后,过 2mm 筛(铜网筛),除去 2mm 以上的砂砾和植物残体。将上述样品反复按四分法缩分,最后留下足够分析的样品,再进一步在玻璃研钵内磨细,全部通过 60 目金属筛。过筛的样品,充分摇匀,装瓶准备分析用。在制备样品时,必须注意不要使土样受到污染。

2. 样品的提取

称取 60 目土壤样品 20.00g 置于小烧杯中,加入 60mL 丙酮,振荡提取 30min,在铺有 Celite545 的布氏漏斗中抽滤。用少量丙酮洗涤容器与残渣后,倾入漏斗中过滤,合并滤液。

将合并后的滤液转入分液漏斗中,加入 400mL 10% 氯化钠水溶液,用 100mL、50mL 二氯甲烷萃取两次,每次 5 min。萃取液合并后,在旋转蒸发器上蒸发至干(<35℃),用二氯甲烷定容,测定有机磷农药残留量。

3. 标准曲线的绘制和样品的测定

将有机磷农药储备液用丙酮稀释配制成混合标准使用溶液(表4-3),并用色谱仪测定,以确定氮磷检测器的线性范围。

将定容后的样品萃取液用色谱仪进行分析,记录峰高。根据样品溶液的峰高,选择接近样品浓度的标准使用溶液,在相同色谱条件下分析,记录峰高。以峰高对浓度作图,绘制标准曲线。

表 4-3 有机磷农药标准使用溶液的配制

农药名称	浓度/($\mu g \cdot mL^{-1}$)				
	1	2	3	4	5
乐果	1.8	3.6	5.4	7.2	9.0
甲基对硫磷	0.6	1.2	1.8	2.4	3.0
马拉硫磷	1.5	3.0	4.5	6.0	7.5
乙基对硫磷	0.9	1.8	2.7	3.6	4.5

色谱条件包括色谱柱:3.5% OV – 101 + 3.25% OV – 210/Chromosorb W HP(80 ~ 100 目)玻璃柱,长 2m,内径 3mm,也可以用性能相似的其他色谱柱。气体流速:氮气 50mL · min^{-1};氢气 60mL · min^{-1};空气 60 mL · min^{-1}。柱温:190℃;气化室温度:220℃;检测器温度:220℃;进样量:2uL。

【数据处理】

4 种农药的残留量计算公式如下:

$$有机磷农药的残留量(mg \cdot g^{-1}) = \frac{\rho_{测} \times V}{W} \tag{4-7}$$

式中 $\rho_{测}$——从标准曲线上查出的有机磷农药测定浓度(mg · L^{-1});

V——有机磷农药提取液的定容体积(L);

W——土壤样品的重量(g)。

思考题

1. 有机农药的提取和分析方法有哪些?
2. 影响有机农药残留性的因素有哪些? 对其环境化学行为有何影响?

实验 7 土壤中镉的形态与生物活性评价

镉是一种生物毒性极强的重金属元素。镉的生物毒性不仅取决于其在土壤中的含量, 更与其赋存形态有关。交换态镉指通过离子交换吸附在土壤黏土矿物或其他成分上的镉离子(水溶性镉也包含在其中), 交换态较易被植物吸收, 或者被土壤中其他离子交换, 进入土壤溶液中; 碳酸盐结合态镉指与颗粒中碳酸盐结合或碳酸盐沉淀结合的镉离子, 受土壤条件影响, 对 pH 敏感, pH 升高会使游离态重金属形成碳酸盐共沉淀, 当 pH 下降时易重新释放出来进入环境中; 铁锰氧化物结合态镉指与铁-锰氧化物结合的镉离子, 由于该形态属于较强的离子键结合的化学形态, 因此不易释放; 有机结合态镉指与土壤中有机物质形成络合物的镉离子, 在较强的氧化条件下, 这些金属离子可随有机物质的降解而释放出来, 该形态镉较为稳定, 一般不易被生物所吸收利用; 残渣态镉指土壤残渣中以层状硅酸盐形态存在的镉, 其中包括少量难分解的有机物质及不易氧化的硫化物, 这部分镉在自然条件下不易释放, 能长期稳定在土壤中, 不易为植物吸收。确定土壤中镉的存在形态对于重金属污染土壤环境评价具有非常重要的意义。

【实验目的和要求】

1. 了解土壤中镉存在的形态及其预处理方法。
2. 掌握原子吸收分光光度计的使用方法, 掌握土壤中镉的生物有效性的测定。

【实验原理】

通过五步连续提取法, 分步提取土壤中不同形态的镉, 采用原子吸收分光光度法测定镉的浓度。

【仪器和试剂】

1. 仪器

(1)原子吸收分光光度计。

(2)恒温水浴振荡器。

(3)离心机。

2. 试剂

(1)1M 氯化镁: 称取 95.21g 氯化镁($MgCl_2$), 溶于 1L 水中。

(2)1M 醋酸钠: 称取 82.03g 醋酸钠(CH_3COONa), 溶于 1L 水中。

(3)乙酸。

(4)盐酸羟胺。

(5)硝酸。

(6)双氧水。

(7)醋酸铵。

（8）盐酸。

（9）高氯酸。

【实验步骤】

土壤重金属形态采用连续提取法。称取镉污染土壤 1g（准确至 0.1mg），采用连续提取法，提取剂的选择与测定步骤如下：

（1）交换态：室温下提取液为 25mL $MgCl_2$ 溶液（1M $MgCl_2$，pH7.0）提取，持续振荡 1h。

（2）碳酸盐结合态：第一步的残渣在室温下提取液为 25mL 1M 醋酸钠（用乙酸调 pH 至 5.0），持续振荡足够 2h。

（3）铁-锰氧化物结合态：在第二步残渣加入提取液为 25mL 用 25% 乙酸配制的 0.04M 盐酸羟胺，在 96℃±3℃ 水浴振荡间歇加热，至游离的铁氧化物完全溶解。

（4）有机结合态：第三步残渣加入提取液 3mL 0.02M 硝酸和 5mL30% 双氧水（用硝酸调 pH 至 2），混合液加热至 85℃±2℃，时间 2h。第二次加入 6mL30% 双氧水（用硝酸调 pH 至 2），加热至 85℃±2℃ 间歇振荡 3h。冷却后，加入 5mL 用 20% 硝酸配制的 3.2M 醋酸铵，去离子水稀释至 30mL，持续振荡 30min。加入醋酸铵是为了防止吸附的重金属吸附在被氧化的沉积物上。

（5）残渣态：由总量减去前 4 个形态的值或采用总量法测定，即加入 $HCl + HNO_3 + HClO_4$ 混酸进行消解后测定。

以上每一步提取液，经 5 000r·min^{-1} 离心 10 min，用原子吸收分光光度法测定溶液中金属的浓度。然后，根据前后浓度差与提取剂体积的乘积，与沉积物质量相比，从而得到土壤中重金属的浓度。

【数据处理】

将各样品测得的不同形态镉的含量以表的形式汇总（表 4-4）。对表 4-4 中数据进行分析，若测得样品中总镉的含量，就可以得出土壤中各种形态镉的含量比例。

土壤中重金属的生物活性包括生物可利用性和迁移能力，生物可利用性是指生物能直接或较直接利用的土壤中重金属含量的比值，用生物可利用性系数 K 表示：

$$K = （水溶态 + 离子交换态 + 碳酸盐态）/土壤含量 \qquad (4-8)$$

土壤中重金属的迁移能力大小，可通过迁移系数 M 来描述：

$$M = 可交换态/各形态含量之和。 \qquad (4-9)$$

表 4-4 土壤中镉的形态含量及比例

镉的形态	可交换态	碳酸盐结合态	铁锰结合态	有机结合态	残渣态
含量/($mg·g^{-1}$)					
比例/%					

思考题

不同形态镉的活性和生物有效性不同，通过各形态镉占总镉含量的比例，评价土壤中镉的生物可利用性和迁移能力。

实验 8　土壤中砷的污染分析

砷(As)是人体的非必需元素。元素砷的毒性极低，而砷的化合物均有剧毒，三价砷化合物比其他砷化合物毒性更强。砷的污染主要来自采矿、冶金、化工、化学制药、农药生产、纺织、玻璃、制革等行业的工业废水。土壤中砷的本底值约为 10 mg · kg^{-1}左右。大量资料表明：被砷污染的土壤可能使农作物产量大幅度下降。砷可通过呼吸道、消化道和皮肤接触进入人体。如摄入量超过排泄量，砷就会在人体的肝、肾、肺、脾、子宫、胎盘、骨骼、肌肉等部位，特别是在毛发、指甲中蓄积，从而引起慢性砷中毒，潜伏期可长达几年甚至几十年。慢性砷中毒有消化系统症状、神经系统症状和皮肤病变等。砷还有致癌作用，能引起皮肤癌。

测定土壤(或本底)中砷含量的常用方法有新银量法、二乙基二硫代氨基甲酸银(简称DDTC —Ag)比色法和原子吸收光度法等。

【实验目的】

1. 了解新银量法测定砷的原理，掌握其基本操作。

2. 初步了解土壤砷污染与人体健康的关系。

【实验原理】

用 HCl—HNO$_3$—HClO$_4$氧化体系消解样品，将土壤中各种形态的砷转化为 5 价可溶态的砷。用硼氢化钾(或硼氢化钠)在酸性溶液中产生的新生态氢，将水中无机砷还原成砷化氢气体，通过醋酸铅棉除去硫化氢干扰气体。以硝酸-硝酸银-聚乙烯醇-乙醇溶液为吸收液，砷化氢将吸收液中的银离子还原成单质胶态银，使溶液呈黄色，其最大吸收波长为 400nm，吸光度与生成砷化氢的量成正比。溶液颜色在 2h 内无明显变化(20℃以下)。化学反应如下：

$$BH_4^- + H^+ + 3H_2O \longrightarrow 8[H] + H_3BO_3$$

$$As^{3+} + 3[H] \longrightarrow AsH_3 \uparrow$$

$$6Ag^+ + AsH_3 + 3H_2O \longrightarrow 6Ag + H_3AsO_3 + 6H^+$$

【仪器和试剂】

1. 仪器

(1)紫外可见分光光度计。

(2)砷化氢发生与吸收装置(图 4-1)。

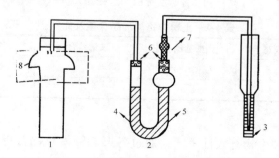

图 4-1　砷化氢发生与吸收装置

1. 反应管；2. U 形管；3. 吸收管；4. 0.3g 醋酸铅棉；5. 0.3g 吸有 1.5mL DMF 混合液的脱脂棉；

6. 脱脂棉；7. 内装吸有无水硫酸钠和硫酸氢钾混合粉(9∶1)脱脂棉的高压聚乙烯管；8. 缓冲区

2. 试剂

(1)硫酸、硝酸：分析纯。

(2)高氯酸。

(3)乙醇(95%或无水)：分析纯。

(4)硼氢化钾片：分析纯。

(5)0.2%(m/V)聚乙烯醇水溶液：称取0.4g聚乙烯醇(平均聚合度为1 700～1 800)置于250 mL烧杯中，加入200 mL去离子水，在不断搅拌下加热溶解，待全溶后，盖上表面皿，微沸10 min。冷却后，贮于玻璃瓶中，此溶液可稳定1周。

(6)15%(m/V)碘化钾-硫脲溶液：15%碘化钾溶液100 mL中含1g硫脲。

(7)硝酸-硝酸银溶液：称取2.040g硝酸银置于烧杯中，加入50 mL去离子水，搅拌溶解后，加5 mL硝酸，用去离子水稀释到250 mL，摇匀，于棕色瓶中保存。

(8)硫酸-酒石酸溶液：于400mL 0.5 mol·L^{-1}硫酸溶液中，加入60g酒石酸，溶解后即可使用。

(9)二甲基甲酰胺混合液(简称DMF混合溶液)：将二甲基甲酰胺与乙醇胺，按体积比9:1进行混合。此溶液贮存在棕色瓶中(低温)可保存30d。

(10)醋酸铅棉：将10g脱脂棉浸于10%(m/V)的醋酸铅溶液100 mL中。0.5h后取出，拧去多余水分，在室温下自然晾干，装瓶备用。

(11)吸收液：将硝酸银、聚乙烯醇、乙醇按体积比1:1:2进行混合，使用时现配。

(12)砷标准溶液：称取三氧化二砷(110℃下烘2 h)0.132g置于50 mL烧杯中，加20%(m/V)氢氧化钠溶液2 mL，搅拌溶解后，再加1 mol·L^{-1}硫酸溶液10mL，转入100mL容量瓶中，用水稀释到标线，摇匀。此溶液浓度为1.00mg·mL^{-1}。

(13)砷的标准使用液(临用时配)：取上述溶液稀释成浓度为1.0μg·mL^{-1}的标准使用液。

【实验步骤】

1. 样品处理

称取0.5g样品(根据含砷量而定，准确至0.1mg)置于250 mL烧杯中，分别加6.0 mL盐酸、2.0mL硝酸和2.0mL高氯酸，盖上表面皿在电热板上从低温逐步提高温度加热消解。消解完全的土壤应呈灰白色，否则再滴入硝酸消解至白色为止。待作用完全，冒浓白烟后，试液呈白色或淡黄色，约剩2 mL，取下后冷却，加入20～30mg抗坏血酸，15%碘化钾硫脲溶液2.0 mL，放置15min后，再加热并微沸1min。取下冷却，用少量水冲洗表面皿与杯壁，加2滴甲基橙指示剂，用1:1氨水调至黄色，再用0.5mol·L^{-1}盐酸调到溶液刚微红，立即加入硫酸—酒石酸溶液(或20%酒石酸溶液)5 mL，将此溶液移入100 mL砷化氢发生管中，用水稀释到50 mL待用。

2. 样品测定

在待测溶液的砷化氢发生管中，加入硫酸—酒石酸溶液20mL，混匀。向干燥的吸收管中加入3.0 mL吸收液，按砷化氢发生与吸收装置图连接好导气管。检查管路是否连接好，以防漏气或反应瓶盖被崩开。有条件的实验室可放在通风柜内反应。将两片硼氢化钾(或硼氢化钠)分别放于砷化氢发生管的缓冲区，盖好塞子，先将缓冲区中的硼氢化钾片倒一片于溶液中，待反应完（约 5 min），再将另一片倒入溶液中，反应 5 min（若试液体积小于 50 mL，可用 50 mL 砷化氢发生管，加 1 片硼氢化钾反应）。用 1.0 cm 比色皿，以空白吸收液为参比，于波长 400 nm 处测量上述吸收液的吸光度。

3. 标准曲线的绘制

于 7 支 100 mL 砷化氢发生管中，分别加入砷标准使用溶液 0、0.50mL、1.00mL、1.50mL、2.00mL、2.50mL、3.00mL，以下操作同样品测定，并绘制相应标准曲线。

【数据处理】

土壤中砷的含量按式(4-10)计算：

$$\rho_{砷} = \frac{W_{砷}}{W_{土}} \qquad (4-10)$$

式中　$\rho_{砷}$——土壤中砷含量（mg·kg^{-1}）；

　　　$W_{砷}$——由标准曲线上查得的砷量（μg）；

　　　$W_{土}$——土样重量（g）。

思考题

1. 根据测定的结果，评价土壤的污染状况。

2. 除新银量法以外，还有哪些方法可以测定砷，它们各有什么特点？

4.3　创新性实验

实验 9　土壤中某些重金属元素的淋溶释放研究

土壤重金属污染不仅造成食物链中毒，对农产品质量构成明显的威胁，还可在灌溉水或雨水的作用下，向下淋溶，进入地下水，污染水质。重金属的淋溶程度决定于其与土壤胶体的结合形态、淋溶水的 pH、淋溶速率、淋溶时间等因素。研究土壤中重金属的淋溶释放规律及其影响因素，对于评价和预测土壤重金属的潜在环境风险具有重要的意义。

【实验目的】

1. 了解土壤中铅、镉、汞元素在淋溶过程中的迁移规律。

2. 了解不同条件下淋溶对铅、镉、汞元素淋溶释放的影响。

【实验原理】

铅、镉、汞元素是毒性较强的重金属元素，本实验以重金属铅、镉、汞元素为研究对象，模拟降水对土壤中重金属迁移的影响，并研究不同条件下土壤铅、镉、汞元素淋溶析出的规律和特点。

【仪器和试剂】

1. 仪器

（1）电感耦合等离子光谱发生仪（ICP）。

（2）淋溶装置。

（3）pH 计。

（4）漏斗。

（5）烧杯。

（6）量筒。

2. 试剂

（1）稀盐酸。

（2）稀硫酸。

【实验步骤】

1. 淋溶装置

淋溶柱是长 40cm、直径 4cm 的有机玻璃管，管的底部用尼龙网包扎，放一层黄豆大小的玻璃珠，厚 2～3cm，其上面盖上一层滤纸。取一定量（400～700g）的土壤样品放到淋溶柱内，稍加压实，厚度为 30cm 左右。土壤上铺一层玻璃纤维，以防止土壤喷溅。土柱上保留 3～4cm 空隙，以保证淋溶液的厚度基本一致，使实验土壤处于同一降水强度之下。将装好的塑料管垂直固定在支架上，下接放有滤纸的漏斗，用 250mL 的聚乙烯瓶承接淋出液。

2. 土壤样品

将采集的土壤风干后，研磨过 1mm 尼龙筛后，置于广口瓶备用。

3. 淋溶液

本实验用两种不同 pH 的淋溶液，一种为 pH = 7.0 的蒸馏水，另一种是模拟天然降水，用 $SO_4^{2-}:NO_3^- = 9:1$（质量比）的酸母液配置 pH = 5.6 的酸性溶液。

4. 淋溶速率

$1mL \cdot min^{-1}$。

5. 淋溶时间

淋溶时间共 100min，预计淋溶液为 100mL，每 20min 换一个接样瓶，称量接样瓶中淋出液的质量。

6. 接样瓶中的液体在 ICP 上测定铅、镉、汞的含量。

【数据处理】

1. 将测定的结果填入表 4-5。

表 4-5 不同淋溶时间重金属的淋出量

淋溶时间/min	20	40	60	80	100
淋出液体积/mL					
重金属铅、镉、汞浓度/ppb					

2. 淋溶时间为横坐标，重金属浓度为纵坐标，分析土壤中重金属的淋出规律。

思考题

1. 分析 pH 对重金属淋出速率的影响。

2. 比较不同重金属离子的淋出特点，并分析其原因。

实验 10　重金属在土壤—植物体系中的迁移

人体内的微量元素不仅参与机体的组成，而且担负着不同的生理功能。铁、铜、锌是组成酶和蛋白质的重要成分，钒、铬，镍、铁、铜、锌等元素能影响核酸的代谢作用，部分微量元素还与心血管疾病、瘫痪、生育、衰老、智能甚至癌症密切相关。这些微量元素在人体组织中都有一个相当恒定的浓度范围，他们之间互相抑制、互相拮抗，过量或缺乏都会破坏人体内部的生理平衡，引起疾病，使健康受到不同程度的影响。

在农业生态环境中，土壤是连接有机与无机界的重要枢纽，重金属元素可通过土壤积累于植物体内，最终危害人类。因此，测量蔬菜及土壤中微量元素的含量，不仅可以评价蔬菜的营养价值，而且可以了解重金属在土壤—植物迁移转化能力。

【实验目的】

1. 用原子吸收法测定土壤及蔬菜各部位中 Pb、Zn、Cu、Cd 的含量。

2. 了解土壤—植物体系中重金属的迁移、转化规律。

【实验原理】

通过消化处理将在同一菜田内采集的蔬菜及土壤样品中各种形态重金属转化为离子态，用原子吸收分光光度法测定（测定条件见表 4-6）；通过比较分析土壤和作物中重金属含量，探讨重金属在植物—土壤体系中的迁移能力。

表 4-6　原子吸收分光光度法测定重金属的条件

测定条件	Cu	Zn	Pb	Cd
测定波长/nm	324.7	213.8	283.3	228.8
通带宽度/nm	0.2	0.2	0.2	0.2
火焰类型	乙炔—空气，氧化型火焰			
检测范围/($\mu g \cdot mL^{-1}$)	0.05 ~ 5.0	0.05 ~ 1.0	0.2 ~ 10	0.05 ~ 1.0

【仪器和试剂】

1. 仪器

（1）原子吸收分光光度计。

（2）尼龙筛：100 目。

（3）电热板。

（4）量筒：100mL。

（5）高型烧杯：100mL。

（6）容量瓶：25mL、100mL。

（7）三角烧瓶：100mL。

（8）小三角漏斗。

（9）表面皿。

2. 试剂

（1）硝酸、硫酸：优级纯。

（2）氧化剂：空气，用气体压缩机供给，经过必要的过滤和净化。

（3）金属标准储备液：准确称取 0.500 0g 光谱纯金属，用适量的 1:1 硝酸溶解，必要时加热直至溶解完全。用水稀释至 500mL，即得浓度为 $1.00mg \cdot mL^{-1}$ 标准储备液。

（4）混合标准溶液：用 0.2% 硝酸稀释金属标准储备溶液配制而成，使配成的混合标准溶液中镉、铜、铅和锌浓度分别为 $10.0\mu g \cdot mL^{-1}$、$50.0\mu g \cdot mL^{-1}$、$100.0\mu g \cdot mL^{-1}$。

【实验步骤】

1. 土壤样品的制备

(1)土样的采集：从菜田取回土样，倒在塑料薄膜上，于阴凉通风处风干，除去植物残体和砾石。风干土样用有机玻璃棒或木棒碎后，过2mm尼龙筛。将上述风干细土反复按四分法弃取，最后约留100g土样，再进一步磨细，通过100目筛，装于瓶中。取20~30g土样，装入瓶中，在105℃下烘4~5h，恒重。

(2)土样的消解：准确称取烘干土样0.500 0g两份，分别置于高型烧杯中。加水少许润湿，再加入1:1硫酸4 mL，浓硝酸1 mL，盖上表面皿，在电热板上加热至冒白烟。如消解液呈深黄色，可取下稍冷，滴加硝酸后再加热至冒白烟，直至土壤变白。取下烧杯后，用水冲洗表面皿和烧杯壁。将消解液用滤纸过滤至25mL容量瓶中，用水洗涤残渣2~3次，将清液过滤至容量瓶中，用水稀释至刻度，摇匀备用。同时做1份空白实验。

2. 蔬菜样品的制备

(1)蔬菜样品(如西红柿)的采集：取与土壤样品同一地点的蔬菜样品，将根、茎、叶、果实，分别烘干、粉碎、研细成粉，装入样品瓶，保存于干燥器中。

(2)蔬菜样品的消解：准确称取1.000~2.000g经烘箱恒重过的蔬菜各部位样品两份，分别置于100mL三角烧瓶中，加8mL浓硝酸，在电热板上加热(在通风橱中进行，开始低温，逐渐提高温度，但不宜过高，以防样品溅出)，消解至红棕色气体减少时，补加硝酸5 mL，加热至冒浓白烟、溶液透明(或有残渣)为止，过滤至25mL容量瓶中，用水洗涤滤渣2~3次后，稀至刻度，摇匀备用。同时做1份空白实验。

3. 标准曲线的绘制

分别在6只100mL容量瓶中加入0.00、0.50mL、1.00mL、3.00mL、5.00mL、10.00 mL混合标准溶液，用0.2%硝酸稀释定容。此混合标准系列各金属的浓度见下表，按表所列的条件调好仪器，用0.2%硝酸调零，测定标准系列的吸光度。用经空白校正的各标准溶液的吸光度对相应的浓度作图，绘制标准曲线。

4. 土壤及蔬菜根、茎、叶、果实中Pb、Zn、Cu、Cd的测定

按照与标准系列相同的步骤测定空白样和试样的吸光度，记录数据。扣除空白值后，从标准曲线上查出试样中的金属浓度。由于仪器灵敏度的差别，土壤及粮食样品中重金属元素含量不同，必要时应对试液稀释后再测定。

表4-7 标准系列的配制和浓度

混合标准使用液体积/mL	0	0.50	1.00	3.00	5.00	10.00
Cd/($\mu g \cdot mL^{-1}$)	0	0.05	0.10	0.30	0.50	1.00
Cu/($\mu g \cdot mL^{-1}$)	0	0.25	0.50	1.50	2.50	5.00
Pb/($\mu g \cdot mL^{-1}$)	0	0.50	1.00	3.00	5.00	10.0
Zn/($\mu g \cdot mL^{-1}$)	0	0.50	0.10	0.30	0.50	1.00

【数据处理】

由测定所得吸光度，分别从标准曲线上查得被测试液中各金属的浓度，根据下式计算出样品中被测元素的含量：

$$被测元素含量(\mu g \cdot g^{-1}) = \frac{\rho \times V}{W_{实}} \qquad (4\text{-}11)$$

式中　ρ——被测试液的浓度($\mu g \cdot mL^{-1}$)；

V——试液的体积(mL)；

$W_{实}$——样品的实际重量(g)。

思考题

1. 比较 4 种重金属在土壤和蔬菜中的含量，分析 4 种重金属在土壤-粮食体系中的迁移特点。

2. 比较某种重金属在蔬菜根、茎、叶、果实中的分布。

第 5 章

环境生物化学

5.1 基础性实验

实验 1 维生素 A 的定性测定

【实验目的】

掌握维生素 A 的定性测定方法。

【实验原理】

维生素 A 与 $SbCl_3$ 作用生成蓝色。此蓝色反应虽非维生素 A 的特异反应(如胡萝卜素亦有类似反应,不过呈色程度很弱),但一般可用来作维生素 A 的定性测定。

【仪器和试剂】

1. 仪器

(1)鱼肝油(市售)。

(2)试管:1.5 cm×15 cm(×1)。

(3)皮头滴管。

(4)吸管:2.0 mL(×1)。

2. 试剂

(1)无水氯仿:最好用心开封的。如杂质或水分较多,需按下法处理:将氯仿置分页漏斗内,用蒸馏水洗 2~3 次。将氯仿层放于棕色瓶中,加入经煅烧过的 K_2CO_3 或无水 Na_2SO_4,防治 1~2 d,用有色烧瓶蒸馏,取 61~62 ℃ 馏分。

(2)三氯化锑—氯仿溶液:称取干燥的 $SbCl_3$ 20 g,溶于无水氯仿并稀释至 100 mL。如浑浊,可静置澄清,取上层清液使用。如有必要,可先用少量无水氯仿洗涤 $SbCl_3$,然后再配置。

【实验过程】

取干燥试管 1 支,加 1~2 滴鱼肝油及 10 滴氯仿,混匀,加醋酐 2 滴及三氯化锑—氯仿溶液约 2 mL,观察颜色变化并记录实验结果。

【注意事项】

1. 实验所用仪器和试剂须干燥无水。加醋酐为了吸收可能混入反应液中的微量水分。
2. 凡接触过 $SbCl_3$ 的玻璃仪器需先用 10% HCl 洗涤后，再用水冲洗。

实验 2　总糖的测定——蒽酮比色法

糖类物质是生物残体、排放废水和固体废物中的组成部分，其在土壤和水体环境中可以较为容易地发生生物降解，属于耗氧有机污染物的一种。糖类通式为 $C_x(H_2O)_y$，可以分成单糖、二糖和多糖三类。

【实验目的】

使学生掌握蒽酮比色法测糖的原理和方法。

【实验原理】

蒽酮比色法是测定样品中总糖含量的一个灵敏、快速而简便的方法。蒽酮可以与游离的己糖或多糖中的己糖基、戊糖基及己糖醛酸起反应，反应后溶液呈蓝绿色，在 620nm 处有最大吸收。基于上述反应原理，糖在浓硫酸作用下脱水生成糖糠或其衍生物，这些产物可以与蒽酮反应生成蓝绿色复合物，当溶液样品中含糖量在 $150mg \cdot L^{-1}$ 范围内，产物与蒽酮反应生成蓝绿色复合物的颜色深浅与含糖量成正比。本法多用于测定糖原的含量，也可用于测定葡萄糖的含量。

蒽酮不仅能与单糖也能与二糖、糊精、淀粉等直接反应，样品不必经过水解。

【仪器和试剂】

1. 仪器
（1）具塞试管。
（2）试管架。
（3）移液管。
（4）水浴装置。
（5）电子分析天平。
（6）可见分光光度计。

2. 试剂
（1）蒽酮试剂：准确称取 100mg 蒽酮溶于 100mL 80% H_2SO_4 中，当日配制使用。

（2）标准葡萄糖溶液（$0.1mg \cdot mL^{-1}$）：准确称取 100mg 葡萄糖，用蒸馏水溶解并定容至 1 000mL 备用。或根据需要用果糖、木糖、淀粉配置同浓度的标准溶液。

（3）待测样品糖溶液：样品必需透明、无蛋白质。

【实验步骤】

1. 制作标准曲线

取 8 支干燥洁净的试管，按表 5-1 顺序加入试剂，进行测定。以吸光度值为纵坐标，各标准溶液浓度($mg \cdot mL^{-1}$)为横坐标作图得标准曲线。

表 5-1　蒽酮比色法定糖——标准曲线的制作　　　　　　　单位：mL

试管号	0	1	2	3	4	5	6	7	8
标准葡萄糖溶液	0	0.1	0.2	0.3	0.4	0.5	0.6	0.7	0.8
蒸馏水	1.0	0.9	0.8	0.7	0.6	0.5	0.4	0.3	0.2
					置冰水浴中 5min				
蒽酮试剂	10.0	10.0	10.0	10.0	10.0	10.0	10.0	10.0	10.0

沸水浴中，准确反应 7min，立即取出置于冰水浴中迅速冷却，待溶液达到室温后，于 620nm 处比色

葡萄糖浓度/ ($mg \cdot mL^{-1}$)									
A_{620nm}									

2. 样品含量的测定

（1）取 4 支试管，按照表 5-2 加样(加蒽酮试剂时需要冰水浴 5min 冷却)摇匀。

表 5-2　蒽酮比色法定糖——样品的测定　　　　　　　单位：mL

试管号	1	2	3	4
未知试样溶液	0	1.0	1.0	1.0
蒸馏水	1.0	0	0	0
蒽酮试剂	10.0	10.0	10.0	10.0
A_{620nm}				

（2）加样冷却完成后，置沸水中精确反应 7min，立即取出置于冰水浴中迅速冷却，待溶液达到室温后，于 620nm 处比色测量各管吸光值。

（3）以 1 号试管作为空白试样，2、3、4 号管的吸光值取平均后从标准曲线上查出样品液相应的含糖量。

【数据处理】

$$w = C \times V \times 100\% / m \tag{5-1}$$

式中　W——糖的质量分数(%)

　　　C——从标准曲线中查出的糖质量分数($mg \cdot mL^{-1}$)

　　　V——样品稀释后的体积(mL)

　　　m——样品的质量(mg)

【注意事项】

反应器过程严格控制温度和加热时间。

思考题

蒽酮试剂与糖在浓硫酸作用下的脱水物质的反应属于什么类型的化学反应，该过程应控制那些条件？

实验 3　还原糖和总糖的测定——3,5-二硝基水杨酸比色法

糖类物质是生物残体、排放废水和固体废物中的组成部分，其在土壤和水体环境中可以较为容易地发生生物降解，属于耗氧有机污染物的一种。糖类通式为 $C_x(H_2O)_y$，可以分成单糖、二糖和多糖三类。还原糖是指含自由醛基或酮基的单糖（如葡萄糖）和某些具有还原性的双糖（如麦芽糖），单糖都是还原糖，双糖和多糖不一定是还原糖，如乳糖和麦芽糖是还原糖，蔗糖和淀粉不属于还原糖。

【实验目的】

1. 了解 3,5-二硝基水杨酸比色法测定糖的原理。
2. 掌握还原糖及总糖测定的操作方法。

【实验原理】

还原糖在碱性条件下，可变成非常活泼的烯二醇，该物质遇氧化剂时具还原能力，本身被氧化成糖酸及其他物质。

黄色的 3,5-二硝基水杨酸（DNS）试剂与还原糖在碱性条件下共热后，自身被还原为棕红色的 3-氨基-5-硝基水杨酸，在一定范围内，还原糖的量与棕红色物质颜色的深浅成正比关系。在波长 540nm 处测定溶液的吸光度，查标准曲线并计算，便可求得样品中还原糖的含量。

3,5-二硝基水杨酸（黄色）　　　　　　　　3-氨基-5-硝基水杨酸（棕红色）

非还原性的双糖（如蔗糖）以及多糖（如淀粉），可用酸水解法彻底水解成单糖，再借助于测定还原糖的方法，可推算出总糖的含量。由于多糖水解时，每断裂一个糖苷键需加入一个水分子，因此，在计算总糖含量时，须扣除加入的水量；当样品里多糖含量远大于单糖含量时，则比色测定所得总糖含量应乘以折算系数（$1 - 18/180$）$= 0.9$，即得比较接近实际的样品总糖的含量。

【仪器和试剂】

1. 仪器
（1）具塞玻璃刻度试管：20 mL。
（2）滤纸。
（3）烧杯：100 mL。

（4）三角瓶：100 mL。

（5）容量瓶：100 mL。

（6）刻度吸管：1mL、2 mL、10 mL。

（7）恒温水浴锅。

（8）煤气炉。

（9）漏斗。

（10）天平。

（11）分光光度计。

2. 试剂或材料

（1）小麦面粉（1 000 g）。

（2）1mg·mL^{-1}葡萄糖标准液：准确称取80 ℃烘至恒重的分析纯葡萄糖100 mg，置于小烧杯中，加少量蒸馏水溶解后，转移到100 mL容量瓶中，用蒸馏水定容至100 mL，混匀，4℃冰箱中保存备用。

（3）3,5-二硝基水杨酸（DNS）试剂：称取6.5 g DNS溶于少量热蒸馏水中，溶解后移入1 000 mL容量瓶中，加入2 mol·L^{-1}氢氧化钠溶液325 mL，再加入45 g丙三醇，摇匀，冷却后定容至1 000 mL。

（4）碘—碘化钾溶液：称取5 g碘和10 g碘化钾，溶于100 mL蒸馏水中。

（5）酚酞指示剂：称取0.1 g酚酞，溶于250 mL 70%乙醇中。

（6）6 M HCl和6 M NaOH各100 mL（分别取59.19 mL 37%浓盐酸和24克NaOH定容至100mL）

【实验步骤】

1. 制作葡萄糖标准曲线

取7支20 mL具塞刻度试管编号，按表5-3分别加入浓度为1 mg·mL^{-1}的葡萄糖标准液、蒸馏水和3,5-二硝基水杨酸（DNS）试剂，配成不同葡萄糖含量的反应液。

表5-3　葡萄糖标准曲线制作

试管号	1mg·mL^{-1}葡萄糖标准液/mL	蒸馏水/mL	DNS/mL	葡萄糖含量/mg	光密度值（OD$_{540nm}$）
0	0	2	1.5	0	
1	0.2	1.8	1.5	0.2	
2	0.4	1.6	1.5	0.4	
3	0.6	1.4	1.5	0.6	
4	0.8	1.2	1.5	0.8	
5	1.0	1.0	1.5	1.0	
6	1.2	0.8	1.5	1.2	

将各管摇匀，在沸水浴中准确加热5 min，取出，用冷水迅速冷却至室温，用蒸馏水定容至20 mL，加塞后摇匀。调分光光度计波长至540 nm，用0号管作为空白，等表2中的7~10号管准备好后，测出1~6号管的光密度值。以光密度值为纵坐标，葡萄糖含量（mg）为横坐标，在坐标纸上绘出标准曲线。

2. 样品中还原糖和总糖的测定

（1）还原糖的提取：准确称取 3.00 g 食用面粉，放入 100 mL 烧杯中，先用少量蒸馏水调成糊状，然后加入 50 mL 蒸馏水，搅匀，置于 50 ℃ 恒温水浴中保温 20 min，不时搅拌，使还原糖浸出。过滤，将滤液全部收集在 100 mL 的容量瓶中，用蒸馏水定容至刻度，即为还原糖提取液。

（2）总糖的水解和提取：准确称取 1.00 g 食用面粉，放入 100 mL 三角瓶中，加 15 mL 蒸馏水及 10 mL 6 M HCl，置沸水浴中加热水解 30 min，取出 1~2 滴置于白瓷板上，加 1 滴 I-KI 溶液检查水解是否完全。如已水解完全，则不呈现蓝色。水解完成后，冷却至室温后加入 1 滴酚酞指示剂，以 6 mol·L^{-1} NaOH 溶液中和至溶液呈微红色，并定容到 100 mL，过滤取滤液 10 mL 于 100 mL 容量瓶中，定容至刻度，混匀，即为稀释 1 000 倍的总糖水解液，用于总糖测定。

（3）显色和比色：取 4 支 20 mL 具塞刻度试管，编号，按表 2 所示分别加入待测液和显色剂，将各管摇匀，在沸水浴中准确加热 5 min，取出，冷水迅速冷却至室温，用蒸馏水定容至 20 mL，加塞后摇匀，在分光光度计上进行比色。调波长 540 nm，用 0 号管作为空白，测出 7~10 号管的光密度值。

表 5-4 样品还原糖测定

试管号	还原糖待测液 /mL	总糖待测液 /mL	蒸馏水 /mL	DNS /mL	光密度值 (OD$_{540nm}$)	查曲线葡萄糖量 /mg	平均值
7	0.5		1.5	1.5			
8	0.5		1.5	1.5			
9		1	1	1.5			
10		1	1	1.5			

【数据处理】

分别计算出 7、8 号管光密度值的平均值和 9、10 管光密度值的平均值，在标准曲线上分别查出相应的葡萄糖质量（mg），按式（5-2）计算出样品中还原糖和总糖的百分含量（以葡萄糖计）。

$$还原糖（\%）= \frac{查曲线所得葡萄糖毫克数 \times \dfrac{提取液总体积}{测定时取用体积}}{样品毫克数} \times 100$$

$$总糖（\%）= \frac{查曲线所得水解后葡萄糖毫克数 \times 稀释倍数}{样品毫克数} \times 0.9 \times 100 \quad (5\text{-}2)$$

【注意事项】

1. 标准曲线制作与样品测定应同时进行显色，并使用同一空白进行调零和比色。

2. 面粉中还原糖含量较少，计算总糖时可将其合并入多糖一起考虑。

思考题

1. 在样品的总糖提取时，为什么要用浓 HCl 处理？而在其测定前，又为何要用 NaOH 中和？

2. 标准葡萄糖浓度梯度和样品含糖量的测定为什么应该同步进行？

实验 4 蛋白质的测定——考马斯亮蓝 G-250 染色法

蛋白质是生物残体、排放废水和固体废物中的组成部分，其在土壤和水体环境中可以较为容易地发生生物降解，属于耗氧有机污染物的一种。

【实验目的】

1. 学习和掌握考马斯亮蓝 G-250 法测蛋白质含量的原理和方法。
2. 掌握分光光度计的使用方法。

【实验原理】

考马斯亮蓝 G-250 法测蛋白质含量属于一种染料结合法，此方法是 1976 年 Bradform 建立。考马斯亮蓝 G-250 是一种蛋白质染料，在酸性游离状态下呈红棕色，最大吸收波长为 464nm；由于它所含的疏水基团与蛋白质的疏水微区具有亲合力，通过疏水键与蛋白质结合，当它与蛋白质结合形成蓝色的蛋白质-染料复合物后，其最大吸收波长移到 595nm 处。

在一定蛋白质浓度范围内，蛋白质-染料复合物在 595nm 处的吸光值与蛋白质量成正比。蛋白质与考马斯亮蓝 G-250 结合在 2min 左右达到平衡，其生成的复合物在 1h 内保持稳定。该反应非常灵敏，蛋白质最低检测量为 5ug，而且此法操作方便、快速，干扰物质少，所以是一种比较好的蛋白质的定量测定方法。

【仪器和试剂】

1. 仪器
(1) 分光光度计。
(2) 离心机。
(3) 研钵。
(4) 容量瓶：100mL。
(5) 刻度吸管：0.2mL、1.0mL、5.0mL。
(6) 试管：1.5cm×10cm。
2. 试剂或材料
(1) 标准蛋白质溶液 ($100\mu g \cdot mL^{-1}$)：准确称取 10mg 牛血清白蛋白溶于 100mL 的蒸馏水中，−20℃冰箱保存。
(2) 考马斯亮蓝 G-250 试剂：称取 100mg 考马斯亮蓝 G-250，溶于 50mL95%（体积分数）乙醇中，加入 85%（质量分数）的正磷酸 100mL，最后用蒸馏水定容到 1 000mL，此试剂在常温下可放 1 个月。
(3) 未知浓度的蛋白质溶液。

【实验步骤】

1. 标准曲线的绘制
(1) 取 6 支试管编号，按表 5-5 分别加入各试剂。

表 5-5　标准曲线绘制

样品编号	$100\mu g \cdot mL^{-1}$ 标准蛋白质溶液/mL	蒸馏水/mL	考马斯亮蓝 G-250 试剂/mL
1	0	1.0	5.0
2	0.2	0.8	5.0
3	0.4	0.6	5.0
4	0.6	0.4	5.0
5	0.8	0.2	5.0
6	1.0	0	5.0

（2）加入考马斯亮蓝 G-250 试剂后摇匀，放置 2min 后在 595nm 波长下测溶液吸光值 A_{595nm}。以各管相应的标准蛋白质含量（μg）为横坐标，A_{595nm} 为纵坐标，绘制标准曲线。

2. 样品的测定

试管中加入蛋白质样品 1.0mL，再加入 5.0mL 考马斯亮蓝 G-250 试剂并摇匀，放置 5min 后，在 595nm 波长下测吸光值 A_{595nm}。

【数据处理】

根据所测的吸光值 A_{595nm} 从标准曲线上查得蛋白质的含量。

【注意事项】

1. 高浓度的 Tris、EDTA、尿素、甘油、蔗糖、丙酮等对测定有干扰。

2. 显色结果受时间与温度影响较大，须注意保证样品与标准的测定控制在同一条件下进行。

3. 在加入试剂后的 5~20min 内测定吸光值，因为这段时间内蛋白质-染料复合物的颜色最为稳定。

4. 考马斯亮蓝 G-250 染色能力很强，测定完成后可用乙醇将比色皿的清洗干净。

思考题

1. 分析考马斯亮蓝 G-250 染色法测定蛋白质含量的注意条件。

2. 为什么高浓度的 Tris、EDTA、尿素、甘油、蔗糖、丙酮等对测定有干扰？

实验 5　蛋白质的测定——紫外吸收法

蛋白质是生物残体、排放废水和固体废物中的组成部分，其在土壤和水体环境中可以较为容易地发生生物降解，属于耗氧有机污染物的一种。

【实验目的】

1. 学习和掌握紫外吸收法测蛋白质含量的原理和方法。

2. 掌握紫外分光光度计的使用方法。

【实验原理】

由于蛋白分子中酪氨酸和色氨酸残基的苯环含有共轭双键，因此蛋白质具有吸收紫外线的性质，吸收高峰在 280nm 波长处。在此波长范围内，蛋白质溶液的光吸收值（A280）与其含量呈正比关系，可用作定量测定。

由于核酸在 280 波长处也有光吸收，对蛋白质的测定有干扰作用，但核酸的最大吸收峰在 260nm 处，如同时测定 260nm 的光吸收，通过计算可能消除其对蛋白质测定的影响，因此溶液中存在核酸时必须同时测定 280nm 及 260nm 之光密度，方可通过计算测得溶液中的蛋白质浓度。

利用紫外线吸收法测定蛋白质含量的优点是迅速、简便、不消耗样品，低浓度盐类不干扰测定。因此，在蛋白质和酶的生化制备中（特别是在柱色谱分离中）广泛应用。此法的缺点是：①对于测定那些与标准蛋白质中酪氨酸和色氨酸含量差异较大的蛋白质，有一定的误差；②若样品中含有嘌呤、嘧啶等吸收紫外线的物质，会出现较大的干扰。

不同蛋白质和核酸的紫外吸收是不同的，即使经过校正，测定结果也还存在一定的误差。但可作为初步定量的依据。

【仪器和试剂】

1. 仪器
（1）容量瓶：100mL。
（2）移液管（5.0mL）。
（3）试管：$1.5cm \times 15cm$。
（3）紫外分光光度计。

2. 试剂
（1）标准牛血清蛋白溶液：准确称取经凯氏定氮法校正的结晶牛血清蛋白，配制成浓度为 $1mg \cdot mL^{-1}$（0.5 克标准牛血清蛋白纯水定容至 500 mL）的溶液。
（2）待测的蛋白质溶液：把样品配成溶液，稀释至一定浓度，使其 A_{280} 值在 0.2～0.8 之间。
（3）$0.1mol \cdot L^{-1}$ 的 NaOH 溶液。

【实验步骤】

1. 标准曲线的绘制

按表 5-6 分别向 8 支试管加入各种试剂，摇匀。选用光程为 1cm 的石英比色皿，在 280nm 波长处分别测定各试管中溶液的 A_{280} 值。以 A_{280} 值为纵坐标，蛋白质浓度为横坐标，绘制标准曲线。

表 5-6　蛋白质浓度的测定

样品编号	标准蛋白质溶液/mL	$0.1mol \cdot L^{-1}$ 的 NaOH 溶液/mL	蛋白质浓度/（mg · mL⁻¹）
1	0	4.0	0
2	0.5	3.5	0.125
3	1.0	3.0	0.250
4	1.5	2.5	0.500
5	2.0	2.0	0.500
6	2.5	1.5	0.625
7	3.0	1.0	0.750
8	4.0	0	1.00

3. 样品测定

（1）不含核酸的蛋白质溶液：取待测蛋白质溶液 1mL，加入 0.1mol·L^{-1}的 NaOH 溶液 3mL，摇匀，按上述方法在 280nm 波长处测定光吸收值，并从标准曲线上查出经稀释的待测蛋白质的浓度。

（2）含核酸的蛋白质溶液：将待测蛋白质溶液适当稀释，在波长 260nm 和 280nm 处分别测出 A 值，然后利用 280nm 及 260nm 下的吸收差求出蛋白质浓度。

【数据处理】

（1）不含核酸的蛋白质溶液

$$蛋白质含量 = (m/4) \times n \qquad (5-3)$$

式中　m——标准曲线上查出的蛋白质质量（mg）；

　　　N——溶液得稀释倍数。

（2）含核酸的蛋白质溶液

$$蛋白质浓度（mg·mL^{-1}）= 1.45A_{280} - 0.74A_{260} \qquad (5-4)$$

式中　A_{280}，A_{260}——该溶液在 280nm 和 260nm 波长下测得的光吸收值。

此外，也可先计算出 A_{280}/A_{260} 的比值后，从表 5-7 中查出校正因子 F 值，同时可查出样品中混杂的核酸的百分含量，将 F 值代入，再由下述经验公式直接计算出该溶液的蛋白质浓度。

$$蛋白质浓度（mg·mL^{-1}）= F \times 1/d \times A_{280} \times n \qquad (5-5)$$

式中　A_{280}——该溶液在 280nm 下测得得光吸收度值；

　　　d——石英比色皿的厚度（cm）；

　　　n——溶液的稀释倍数。

表 5-7　紫外吸收法测定蛋白质含量得校正因子 F

280/260	核酸/%	因子（F）	280/260	核酸/%	因子（F）
1.75	0.00	1.116	1.36	1.00	0.994
1.63	0.25	1.081	1.30	1.25	0.970
1.52	0.50	1.054	1.25	1.50	0.994
1.40	0.75	1.023	1.16	2.00	0.899
1.09	2.50	0.852	0.767	7.50	0.565
1.03	3.00	0.814	0.753	8.00	0.545
0.979	3.50	0.776	0.730	9.00	0.508
0.939	4.00	0.743	0.705	10.00	0.478
0.874	5.00	0.682	0.671	12.00	0.422
0.846	5.50	0.656	0.644	14.00	0.377
0.822	6.00	0.632	0.615	17.00	0.322
0.804	6.50	0.627	0.595	20.00	0.278
0.784	7.00	0.585			

注：一般纯蛋白质的光吸收比值（A_{280}/A_{260}）约 1.8，而纯核酸的比值约为 0.5。

思考题

1. 为何在 280 nm 波长下测定蛋白质浓度？

2. 如果考虑核酸的存在，直接在 280nm 波长处测定吸光值，蛋白质浓度的实际的值比测量值是大还是小？为什么？

实验6 蛋白质的两性电离与等电点测定实验

蛋白质是生物残体、排放废水和固体废物中的组成部分，其在土壤和水体环境中可以较为容易地发生生物降解，属于耗氧有机污染物的一种，而且是一种两性电解质。

【实验目的】

1. 了解蛋白质的两性解离性质。
2. 熟悉蛋白质两性电离与等电点测定的操作方法。

【实验原理】

蛋白质分子的解离状态和解离程度受溶液酸碱度的影响。当溶液的 pH 达到一定数值时，蛋白质颗粒上的正负电荷的数目相等，在电场中，蛋白质既不向阴极移动也不向阳极移动。此时溶液的 pH 称为此种蛋白质的等电点。不同蛋白质各有其特异的等电点。在等电点时，蛋白质的理化性质都有变化，可利用此种性质的变化测定各种蛋白质的等电点。最常用的方法是测定其溶解度最低时的溶液的 pH 值。

本实验借观察在不同 pH 溶液中的溶解度以测定酪蛋白的等电点。用醋酸与醋酸钠（醋酸钠混合在酪蛋白溶液中）配制成各种不同 pH 值的缓冲液。向诸缓冲液中加入酪蛋白后，沉淀出现最多的缓冲液的 pH 值即为酪蛋白的等电点。

【仪器和试剂】

1. 仪器
（1）恒温水浴锅。
（2）200mL 锥形瓶。
（3）100mL 容量瓶。
（4）移液管。
（5）试管与试管架。

2. 试剂

（1）$5g \cdot L^{-1}$ 酪蛋白醋酸钠溶液：称取纯酪蛋白 0.5g，加蒸馏水 40mL 及 $1.00mol \cdot L^{-1}$ 氢氧化钠溶液 10.0mL，振摇使酪蛋白溶解，然后加入 $1.00mol \cdot L^{-1}$ 醋酸溶液 10.0mL，混匀后倒入 100mL 容量瓶中，用蒸馏水稀释至刻度，混匀。

（2）$0.1g \cdot L^{-1}$ 溴甲酚绿指示剂：该指示剂变色范围为 pH 3.8~5.4。酸色型为黄色，碱色型为蓝色。

（3）$0.02mol \cdot L^{-1}$ 盐酸溶液。

（4）0.02mol · L^{-1}氢氧化钠溶液。

（5）1.00mol · L^{-1}醋酸溶液。

（6）0.1mol · L^{-1}醋酸溶液。

（7）0.01mol · L^{-1}醋酸溶液。

【实验步骤】

1. 蛋白质两性电离实验

（1）取试管一支，加入 5g · L^{-1}酪蛋白醋酸钠溶液 0.3mL，0.1g · L^{-1}溴甲酚绿指示剂 1 滴，混匀，观察溶液呈现的颜色。

（2）用乳头滴管缓慢滴加 0.02mol · L^{-1}盐酸溶液，随滴随摇，直到有明显的大量沉淀发生。观察溶液颜色的变化。

（3）继续滴入 0.02mol · L^{-1}盐酸溶液，观察沉淀与溶液颜色的变化。

（4）再滴入 0.02mol · L^{-1}氢氧化钠溶液，随滴随摇，使之再度出现明显的大量沉淀，再继续滴入 0.02mol · L^{-1}氢氧化钠溶液，沉淀又溶解，观察溶液颜色的变化。

2. 酪蛋白等电点的测定实验

（1）取同样规格的试管 4 支，按表 5-8 顺序分别精确地加入各试剂，然后混匀。

表 5-8　酪蛋白等电点测定

试管号	蒸馏水/mL	0.01mol · L^{-1}醋酸	0.1mol · L^{-1}醋酸	1.0mol · L^{-1}醋酸
1	1.6	—	—	2.4
2	—	—	4.0	—
3	3.0	—	1.0	—
4	1.5	2.5	—	—
5	3.38	0.62	—	—

（2）向以上试管中加入酪蛋白的醋酸钠溶液 1mL，每管加完后立即摇匀。此时 1、2、3、4、5 管的 pH 值依次为 3.2、4.1、4.7、5.3、5.9，观察其浑浊度。静置 10min 后，再观察其浑浊度。最浑浊的试管中样品的 pH 值即为酪蛋白的等电点。

【数据处理】

根据生成沉淀的多少，按照"－、＋、＋＋、＋＋＋"进行记录，然后分析比较。

【注意事项】

仔细观察并记录蛋白质两性游离实验中沉淀及沉淀消失的现象。

思考题

1. 讨论蛋白质两性电离实验中沉淀及沉淀消失的原因。

2. 酪蛋白等电点是多少？为什么？

实验 7　离子交换层析法分离氨基酸

【实验目的】

1. 熟悉采用离子交换树脂分离氨基酸的基本原理。
2. 掌握离子交换柱层析法的基本操作技术。

【实验原理】

离子交换层析法主要是根据物质解离性质的差异而选用不同的离子交换剂进行分离的方法。各种氨基酸分子的结构不同，在同一 pH 值时与离子交换树脂的亲和力有差异。因此，可依据亲和力从小到大的顺序被洗脱液洗脱下来，达到分离的效果。

【仪器和试剂】

1. 仪器
(1)层析管(20 cm×1 cm)。
(2)恒压洗脱瓶。
(3)部分收集器。
(4)分光光度计。

2. 试剂
(1)标准氨基酸溶液：天冬氨酸、赖氨酸和组氨酸均配置成 2 mg·mL^{-1} 的 0.1 mol·L^{-1} 的盐酸溶液。
(2)混合氨基酸溶液：将 3 种标准氨基酸溶液按体积比 1:2.5:10 的比例混合。
(3)苯乙烯磺酸钠型树脂(强酸 1×8，100~200 目)。
(4) 2mol·L^{-1} 盐酸溶液。
(5) 2mol·L^{-1} 氢氧化钠溶液。
(6)柠檬酸—氢氧化钠—盐酸缓冲液(pH 5.8，钠离子浓度 0.45 mol·L^{-1})：取柠檬酸($C_6O_7H_8·H_2O$)14.25 g，氢氧化钠 9.30 g 和浓盐酸 5.25 mL 溶于少量水后，定容至 500 mL。冰箱保存。
(7)显色剂：将 2 g 水合茚三酮溶于 75 mL 乙二醇单甲醚中，加水定容至 100 mL。

【实验步骤】

1. 树脂的处理
将干的强酸性树脂用蒸馏水浸泡过夜，使之充分溶胀。用 4 倍体积的 2 mol·L^{-1} 的盐酸浸泡 1 h，倾去清液，洗至中性。再用 2 mol·L^{-1} 的氢氧化钠处理，方法同上，最后用欲使用的缓冲液浸泡。

2. 装柱
取直径 1 cm，长度 10~12 cm 的层析柱。将柱垂直置于铁架上。关闭层析柱出口，自顶部注入上述经处理的树脂悬浮液，待树脂沉降后，放出过量溶液，再加入一些树脂，至树脂沉降至 8~10 cm 的高度即可。

3. 氨基酸的洗脱

用 pH 5.8 的柠檬酸缓冲液冲洗平衡交换柱。调节流速为 $0.5 \text{ mL} \cdot \text{min}^{-1}$，流出液达到床体积的 4 倍时即可上样。由柱上端仔细加入氨基酸的混合液 0.25~0.5 mL，同时开始收集流出液。当样品液弯月面靠近树脂顶端时，即刻加入 0.5 mL 柠檬酸缓冲液冲洗加样品处。待缓冲液弯月面靠近树脂顶端时，再加入 0.5 mL 缓冲液。如此重复两次，然后用滴管小心注入柠檬酸缓冲液（切勿搅动床面），并将柱于洗脱瓶和部分收集器相连。开始用试管收集洗脱液，每管收集 1 mL，共收集 60~80 管。

4. 氨基酸的鉴定

向各管收集液中加 1 mL 水合茚三酮显色剂并混匀，在沸水浴中准确加热 15 min 后冷却至室温，再加入 1.5 mL 的 50% 乙醇溶液，放置 10 min。以收集液第 2 管为空白，测定 A_{570} 的光吸收值。以光吸收值为纵坐标，以洗脱液体积为横坐标绘制洗脱曲线。以已知 3 中氨基酸的纯溶液样品，按上述方法和条件分别操作，将得到的洗脱液曲线与混合氨基酸的洗脱曲线对照，可确定 3 个峰的大致位置及各峰为何种氨基酸。

实验 8　氨基氮含量的测定—甲醛滴定法

【实验目的】

1. 掌握甲醛滴定法测蛋白质氨基酸含量的原理。
2. 熟悉滴定操作的要点。

【实验原理】

氨基酸是两性电解质，在水溶液中有如下电离平衡：

$$R-\underset{\overset{|}{NH_3^+}}{CH}-\overset{\overset{O}{\|}}{C}-O^- \ \Longleftrightarrow \ R-\underset{\overset{|}{NH_2}}{CH}-\overset{\overset{O}{\|}}{C}-O^- \ + \ H^+$$

—NH_3^+ 是弱酸，完全解离时 pH 值为 11~12 或更高，若用碱滴定所释放的 H^+ 来测量氨基酸，一般指示剂变色域小于 10，很难准确指示重点。

常温下，甲醛能迅速与氨基酸的氨基结合，生成羟基甲基化合物，使上述平衡右移，促使—NH_3^+ 释放 H^+，使溶液的酸度增大，滴定重点移至酚酞的变色范围内（pH 值为 9.0 左右）。因此，可用酚酞作指示剂，用标准氢氧化钠溶液滴定。

如样品为一种已知的氨基酸，从甲醛滴定的结果可算出氨基氮的含量。如样品是多种氨基酸的混合物如蛋白水解液，则滴定结果不能作为氨基酸的定量依据。但此法简便快捷，常用来测定蛋白质的水解程度，随水解程度的增加滴定值增加，党滴定值不再增加时，则表示水解作用已完全。

【仪器和试剂】

1. 仪器
(1)锥形瓶(25 mL);
(2)微量滴定瓶(5 mL);
(3)吸量管。

2. 试剂
(1)0.1mol·L⁻¹标准甘氨酸溶液:准确称取750 mg甘氨酸,溶解后定容至100 mL。
(2)0.1mol·L⁻¹标准氢氧化钠溶液。
(3)酚酞指示剂:用50%的乙醇溶液配制0.5%的酚酞溶液。
(4)中性甲醛溶液:在50 mL的36%~37%分析纯甲醛溶液中加入1 mL0.1%酚酞乙醇水溶液,用0.1 mol·L⁻¹的氢氧化钠溶液滴定至微红,储存在密闭的玻璃瓶中,此试剂在临用前配制。如已放置一段时间,则在使用前需重新中和。

【实验步骤】

取3个25 mL的锥形瓶编号,向第1、2号瓶内加入0.1 mol·L⁻¹的标准甘氨酸溶液2 mL和水5 mL混合。向3号瓶内加入7 mL水。然后向三个瓶中各加入5滴酚酞指示剂,混匀后各加2 mL甲醛溶液再混匀,分别用0.1 mol·L⁻¹标准氢氧化钠溶液滴至溶液显微红色。

重复以上实验3次,记录每次每瓶消耗标准氢氧化钠溶液的毫升数,取平均值,用于计算甘氨酸氨基氮的回收率。

取未知浓度的甘氨酸溶液2 mL,依上述方法进行测定,进行3次,取平均值,用于计算每毫升甘氨酸溶液中含有氨基氮的毫克数。

【数据处理】

甘氨酸氨基氮的回收率计算公式:

$$甘氨酸氨基氮回收率(\%) = \frac{实际测得值}{加入理论量} \times 100\% \tag{5-7}$$

式中,实际测得量为滴定第1号和第2号瓶耗用的标准氢氧化钠溶液的毫升数,取其平均值与第3号瓶耗用的标准氢氧化钠溶液毫升数之差乘以标准氢氧化钠的物质的量浓度(mol·L⁻¹),再乘以14.008。标准甘氨酸溶液体积(2 mL)乘以标准甘氨酸的物质的量浓度(mol·L⁻¹)再乘以14.008即为加入理论量的毫克数。

$$氨基酸氨基氮(mg \cdot ml^{-1}) = \frac{(V_1 - V_2) \times c_{NaOH} \times 14.008}{2} \tag{5-8}$$

式中　V_1——滴定待测液耗用标准氢氧化钠溶液的平均毫升数;

V_2——滴定对照液(3号瓶)耗用标准氢氧化钠溶液的平均毫升数;

c_{NaOH}——标准氢氧化钠溶液的浓度。

实验 9 过氧化物酶活性的测定实验

酶活性是指酶催化一定化学反应的能力。酶活性大小以在一定条件下，它所催化的某一化学反应的反应速度来表示的。过氧化物酶是生物体内一类含血红素的重要氧化酶，它能催化过氧化氢放出新生态氧从而氧化某些酚类、芳香胺和抗坏血酸等一些还原性物质。过氧化物酶在清除细胞内的有害物质过氧化氢和保护酶蛋白以及植物细胞中木质素的形成活动中有重要意义。在生物分类、分子遗传、作物育种和植物生理、病理等方面的研究中都会与过氧化物酶发生关系。

【实验目的】

1. 了解酶活力比活性的概念。
2. 通过测定过氧化物酶的活力，掌握酶活力测定的常用方法。

【实验原理】

过氧化物酶催化过氧化氢放出新生态氧，后者使愈创木酚（无色）氧化成红棕色的 4-邻甲氧基苯酚，过氧化物酶活力大小在一定范围内与生成物的颜色深浅呈线性关系。所在波长 460nm 处比色，酶活力大小可表示为 $\Delta A_{460/min/mL}$。其反应为：

邻甲氧基苯酚　　　　　　　　4-邻甲氧基苯酚（红棕色）

【仪器和试剂】

1. 仪器
(1) 分析天平。
(2) 研钵。
(3) 离心机。
(4) 离心管。
(5) 试管。
(6) 刻度吸管。
(7) 恒温水浴锅。
(8) 可见分光光度计。
2. 试剂
(1) 酶提取缓冲液：20mmol·L^{-1} 硼酸缓冲液（pH8.8），内含 5mmol·L^{-1} 亚硫酸氢钠（使

用前加入）。

（2）0.1mol·L^{-1} 醋酸缓冲液（pH5.4）。

（3）0.25% 愈创木酚（溶于50%乙醇中）溶液（现用现配）。

（4）0.75% 过氧化氢溶液（现用现配）。

【实验步骤】

1. 酶液提取

称取0.5g左右植物叶片（禾本科），记录重量，加入预冷的酶提取缓冲液5mL，于研钵中研磨成匀浆（最好在冰浴中）。匀浆转入离心管，少量提取缓冲液冲洗研钵一并转入，平衡后于10 000rpm下离心20min（最好低温离心）。将上清液倒入刻度试管或量筒，定容至10mL，再插入冰浴备用。

2. 酶活性测定

在1cm的比色皿中，先加入2mL 0.1M的醋酸缓冲液和1mL 0.25%愈创木酚溶液（以上溶液可预先放在25～30℃的水浴中），再加入0.2mL（根据反应情况调整）酶液，最后加入0.1mL 0.75%的过氧化氢溶液，然后迅速颠倒混匀并立即把比色杯插入比色架，盖上盖子，并开始记时，每隔30s在460nm处读取光度值，读至酶促反应2min为止，分别记下读取的5个数据。重复3次。

【数据处理】

1. 以时间（秒）为横坐标，A_{460}为纵坐标，对每次过氧化物酶活性测定中所得的数据进行作图。

2. 求出以上图中所作直线与横轴交角的正切值，或用统计方法求出每次测定所得数据的直线方程，最后取其平均值。

3. 酶活性计算，以$A_{460/min/mL}$表示。

4. 求出所取材料中过氧化物酶的总活性，以$A_{460/min}$表示。

5. 如果测得酶液中总蛋白，计算出其比活性。

【注意事项】

酶活性测定过程需要在溶液全部加入后迅速进行反应。

思考题

1. 为什么酶的活性不以酶蛋白的量表示？

2. 在本实验中，为什么提取酶时用pH8.8的硼酸缓冲液，而测定活性时又用pH5.4的醋酸缓冲液？酶抽提液中为什么要加一些亚硫酸氢钠？

实验 10 硝酸还原酶活性的测定

【实验目的】

1. 掌握硝酸还原酶活性的测定方法。
2. 了解硝酸还原酶的特性。

【实验原理】

硝酸还原酶是植物氮素作用中的关键性酶，硝酸还原酶作用于 NO_3^- 使之还原为 NO_2^-。

$$NO_3^- + NADH^+ + H^+ \longrightarrow NO_2^- + NAD^+ + H_2O$$

产生的 NO_2^- 可以从植物组织渗透到外界溶液中，积累在溶液中。因此，测定反应液中 NO_2^- 含量的增加即表明酶活性的大小。NO_2^- 含量的测定——磺胺法。

NO_2^- 与磺胺和α-萘胺在酸性条件下生成粉红色化合物，用比色法在 520nm 下读取光密度值。

【仪器和试剂】

1. 仪器
(1)分光光度计。
(2)离心机。
(3)真空泵和真空干燥器。
(4)恒温水浴锅。
(5)恒温箱。
(6)刻度吸管(1 mL、2 mL、5 mL)。
(7)试管。
(8)电子天平。
(9)三角瓶(50 mL)。

2. 试剂
(1)5μg · mL^{-1}亚硝酸钠标准液：称取 0.100 0 g 亚硝酸钠(AR)，用蒸馏水溶解并定容至 100 mL，然后吸取 5 mL 再用蒸馏水定客至 1 000 mL。
(2)0.1 mol · L^{-1} pH 7.5 磷酸缓冲液。
(3)0.2 mol · L^{-1}的硝酸钾溶液。
(4)1% 对氨基苯磺磷酸。
(5)2%α-萘胺；30% 三氯乙酸。
(6)植物的根、茎、叶，本实验选用白萝卜叶片。

【实验步骤】

1. 标准曲线的制作
取 6 支试管，编号，按表 5-9 操作。

表 5-9 标准曲线制作

管 号	1	2	3	4	5	6
NaNO$_2$ 标准液 /mL	0	0.4	0.8	1.2	1.6	2.0
蒸馏水/mL	2.0	1.6	1.2	0.8	0.4	0
NaNO$_2$ 含量/μg	0	2	4	6	8	10
磺胺/mL	4.0	4.0	4.0	4.0	4.0	4.0
α-萘胺/mL	4.0	4.0	4.0	4.0	4.0	4.0

摇匀，在 30℃ 水浴中保温 20min。然后在 520mL 波长下比色测定消光值。以亚硝酸钠含量为横坐标，消光值为纵坐标绘制标准曲线。

2. 酶反应和酶活性测定

将白萝卜叶片洗静，剪成 0.5 cm^2 的小片，混匀后称 3 份，每份 0.5~1.0 g，分别放入 50 mL 的三角瓶中，编号按表 5-10 加试剂。

表 5-10 酶活性测定

瓶 号	1	2	3
pH 7.5 磷酸缓冲液	4.0	4.0	4.0
0.2mol·L^{-1}KNO$_3$溶液	5.0	5.0	5.0
30% 三氯乙酸	1.0	0	0

摇匀，置真空干燥器中，抽气 10min。然后将三角瓶放入恒温箱，在 30℃ 暗条件下保温 30min。取出后向 2，3 号瓶中分别加入 1 mL 30% 三氯乙酸终止反应，将反应液离心（3 000rmp，10min）或过滤。分另吸取 2mL 反应液于 3 只试管中各加 4mL 1% 磺胺和 0.2% α-萘胺。

摇匀，在 30℃ 水浴中保温 20min。然后在 520mL 波长下比色测定消光值。

【数据处理】

$$\text{酶活性(亚硝酸钠 μg·g}^{-1}\text{鲜重·h}^{-1}) = \frac{\text{亚硝酸钠微克数(μg)} \times \text{稀释倍数}}{\text{样品重(g)} \times \text{时间(h)}} \tag{5-6}$$

【注意事项】

1. 酶促反应在暗条件下进行，以防光照下叶绿体形成还原型铁氧还蛋白，促使亚硝酸还原酶把 NO$_2$ 还原成 NH$_3$。

2. 田间采样应在早晨 9:00 以后，光合作用进行了一段时间再进行。

实验 11 脂肪酸的 β-氧化实验

在肝脏中，脂肪酸经 β-氧化作用生成乙酰辅酶 A。两分子乙酰辅酶 A 可缩合生成乙酰乙酸。乙酰乙酸可脱羧生成丙酮，也可还原生成 β-羟丁酸。乙酰乙酸、β-羟丁酸和丙酮总称为酮体。肝脏不能利用酮体，必须经血液运至肝外组织特别是肌肉和肾脏，再转变为乙酰辅酶

A 而被氧化利用。酮体作为有机体代谢的中间产物，在正常的情况下，其产量甚微，患糖尿病或食用高脂肪膳食时，血中酮体含量增高，尿中也能出现酮体。

【实验目的】

1. 了解脂肪酸经 β-氧化的概念。
2. 掌握证明发生脂肪酸经 β-氧化作用的实验方法。

【实验原理】

本实验用新鲜肝糜与丁酸保温，生成的丙酮在碱性条件下，与碘生成碘仿。反应式如下：

$$2NaOH + I_2 \Longrightarrow NaOI + NaI + H_2O$$
$$CH_3COCH_3 + 3NaOI \Longrightarrow CHI_3 + CH_3COONa + 2NaOH$$

剩余的碘，可用标准硫代硫酸钠溶液滴定。

$$NaOI + NaI + 2HCl \Longrightarrow I_2 + 2NaCl + H_2O$$
$$I_2 + 2Na_2S_2O_3 \Longrightarrow Na_2S_4O_6 + 2NaI$$

根据滴定样品与滴定对照所消耗的硫代硫酸钠溶液体积之差，可以计算由丁酸氧化生成丙酮的量。

【仪器和试剂】

1. 仪器

（1）5mL 微量滴定管。

（2）恒温水浴。

（3）吸管。

（4）剪刀及镊子。

（5）50mL 锥形瓶。

（6）漏斗。

（7）试管。

（8）试管架。

2. 试剂与样本

（1）家兔活体。

（2）0.1% 淀粉溶液（溶于饱和氯化钠溶液中），20mL。

（3）0.9% 氯化钠溶液，200mL。

（4）0.5N 丁酸溶液，150mL：量取 5mL 丁酸溶于 100mL 0.5mol · L^{-1} 氢氧化钠溶液中。

（5）15% 三氯乙酸溶液，200mL。

（6）10% 氢氧化钠溶液，150mL。

（7）10% 盐酸溶液，150mL。

（8）0.1N 碘溶液，200mL：称取 12.7g 碘和约 25g 碘化钾溶于水中，稀释到 1 000mL，混匀，用标准 0.1N 硫代硫酸钠溶液标定。

（9）标准 0.02N 硫代硫酸钠溶液 500mL：临用时将已标定的 1N 硫代硫酸钠溶液稀释

成 0.02N。

（10）1/15mol·L^{-1} pH7.6 磷酸盐缓冲液，200mL：1/15M 磷酸氢二钠 86.8mL 与 1/15M 磷酸二氢钠 13.2mL 混合。

【实验步骤】

1. 肝糜制备

将家兔颈部放血处死，取出肝脏。用 0.9% 氯化钠溶液洗去污血。用滤纸吸去表面的水分。称取肝组织 5g 置研钵中。加少量 0.9% 氯化钠溶液，研磨成细浆。再加 0.9% 氯化钠溶液至总体积为 10mL。

2. 试样准备

取 2 个 50mL 锥形瓶，各加入 3mL 1/15mol·L^{-1} pH7.6 的磷酸盐缓冲液。向一个锥形瓶中加入 2mL 正丁酸；另一个锥形瓶作为对照，不加正丁酸。然后各加入 2mL 肝组织糜。混匀，置于 43℃ 恒温水浴内保温。

3. 沉淀蛋白质

保温 1.5h 后，取出锥形瓶，各加入 3mL15% 三氯乙酸溶液，在对照瓶内再加入 2mL 正丁酸，混匀，静置 15min 后过滤。将滤液分别收集在 2 支试管中。

4. 酮体的测定

吸取两种滤液各 2mL 分别放入另外两个锥形瓶中，再各加 3mL0.1N/L 碘溶液和 3mL10% 氢氧化钠溶液。摇匀后，静置 10min。加入 3mL10% 盐酸溶液中和。然后用 0.02N 标准硫代硫酸钠溶液滴定剩余的碘；滴至浅黄色时，加入 3 滴淀粉溶液作指示剂。摇匀，并继续滴到蓝色消失。记录滴定样品与对照所用的硫代硫酸钠溶液的体积。

【数据处理】

按式(5-7)计算样品中丙酮含量：

$$肝脏的丙酮含量(mmol·g^{-1}) = (A - B) \times N_{Na_2S_2O_3} \times 1/6 \qquad (5-7)$$

式中　A——滴定对照所消耗的 0.02N 硫代硫酸钠溶液的体积(mL)；

　　　B——滴定样品所消耗的 0.02N 硫代硫酸钠溶液的体积(mL)；

　　　$N_{Na_2S_2O_3}$——标准硫代硫酸钠溶液浓度(N)。

【注意事项】

1. 生成的丙酮与碘生成碘仿的反应要在碱性条件下进行。

2. 在低温下制备新鲜的肝糜，以保证酶的活性。

3. 加 HCl 溶液后即有 I_2 析出，I_2 会升华，所以要尽快进行滴定，滴定的速度是前快后慢，当溶液变浅黄色后，加入指示剂就要慢慢一滴一滴的滴。

4. 滴定时淀粉指示剂不能太早加入，只有当被滴定液变浅黄色时加入最好，否则将影响终点的观察和滴定结果。

思考题

1. 测定脂肪酸经 β-氧化作用的原理是什么？

2. 15% 三氯乙酸溶液沉淀蛋白质的原理是什么？

3. 如何理解取得理想实验效果的关键是制备新鲜的肝糜？

实验 12　生物样品中汞含量的测定（冷原子吸收法）

【实验目的】

1. 掌握原子吸收光谱仪的测定原理。
2. 熟悉原子吸收法测定元素离子含量的使用方法。

【实验原理】

基态汞原子在波长为 253.7 nm 紫外光激发下产生共振荧光，在一定的测量条件下，荧光强度与汞浓度成正比。

土壤样品用硝酸—盐酸混合试剂在沸水浴中加热消解，使所含汞全部以二价汞的形式进入到溶液中，再用硼氢化钾将二价汞还原成单质汞，形成汞蒸气，在载气（氩气）带动下导入仪器荧光池，通过测量荧光强度，求得样品中汞的含量。

【仪器和试剂】

AFS-830 型双道原子荧光光度计、实验用氩气、温控式电热板、烧杯、50 mL 具塞比色管、50 mL 容量瓶；汞标准溶液（中国环境监测总站）、汞标准固定液（0.5 g 重铬酸钾溶于 950 mL 水再加 50mL 硝酸）、硝酸—盐酸混合液（2 mol·L^{-1}硝酸－4 mol·L^{-1}盐酸：量取 133 mL 硝酸和 333 mL 盐酸混合后加水至 1 000 mL）、5% 硝酸载流液、0.02% 硼氢化钾（称取 0.10 g 硼氢化钾溶于 2 g·L^{-1}氢氧化钾溶液至 500 mL），以上试剂均为优级纯，实验用水为超纯水，所用玻璃器皿均用重铬酸钾—硝酸洗液浸泡 24 h 以上。

【实验步骤】

1. 样品消解

称取经制备完的土壤样品 1g 左右，置于 50mL 具塞比色管中，加入 2 mol·L^{-1}硝酸－4 mol·L^{-1}盐酸溶液 10 mL，加塞充分摇匀，于沸水浴中加热消解 1 h。取出冷却，将试液移入 50 mL 容量瓶中，用少量汞标准固定液冲洗残渣几次，洗涤液并入容量瓶中，并用汞标准固定液定容至标线，摇匀，过夜，待沉淀完全后尽快取上清液测量，同时作样品空白。

2. 仪器工作条件

点火状态，负高压 270 V，灯电流 25 mA，原子化器高度 8 mm，载气 400 mL·min^{-1}，屏蔽气 1 000 mL·min^{-1}，测量方法为标准曲线法，读取方式为峰面积。

3. 工作曲线绘制

取 6 只 50 mL 具塞比色管，准确吸取汞标准使用液（25.0 ng·mL^{-1}）0.50mL，1.00mL，2.00mL，3.50mL，5.00mL，6.00 mL 置于 50 mL 具塞比色管中，加入 2 mol·L^{-1}硝酸－4 mol·L^{-1}盐酸溶液 10 mL，加塞充分摇匀，于沸水浴中加热消解 1h。取出冷却，分别将

试液移入 50 mL 容量瓶中，用少量汞标准固定液冲洗比色管几次，洗涤液并入容量瓶中，并用汞标准固定液定容至标线，摇匀。以汞标准固定液为空白液进行空白测定，绘制工作曲线。方法检出限为 0.010 0 ug·L^{-1}。

4. 测试方法

开机后将测量方法选 test，在 test 状态下进行仪器预热 30 min，然后，将测量方法选标准曲线法，根据需要输入各参数。接下来进行空白值测定，待空白值稳定后进行工作曲线的测定，最后进行样品浓度的测定。

【数据处理】

1. 实验数据记录（表 5-11）

表 5-11 实验数据记录

编号	1	2	3	4	5	6	待测试样
$C/(\text{ng}\cdot\text{mL}^{-1})$							
M/g							
$X/(\text{mg}\cdot\text{kg}^{-1})$							

2. 数据处理方法

$$X = [(C - C_0) \times V] \div (M \times 1\,000) \tag{5-8}$$

式中 X——所测样品中汞的含量（mg·kg^{-1}）；

C_0——样品空白浓度（ng·mL^{-1}）；

C——测定样品的浓度（ng·mL^{-1}）；

V——样品溶液总体积（mL）；

M——所称样品的质量（g）。

【注意事项】

1. 待测样品测定条件必须与标准曲线时的仪器条件完全一致。
2. 浸提一定要完全，否则会影响结果。

思考题

1. 本实验量取各种试剂时分别采用何种量器量取较为合适，为什么？
2. 在用原子吸收法测定某物质的含量时，一般要进行哪些条件实验？
3. 制作标准曲线和进行其他条件实验时，加入试剂的顺序能否任意改变？为什么？

5.2 综合性实验

实验 13 碱性磷酸酶 K_m 数值的测定实验——底物浓度对酶促反应速度的影响

酶是一类由细胞制造和分泌的、以蛋白质为主要成分的、具有催化活性的生物催化剂。

在酶的催化下底物所发生的转化为酶促反应。在环境的温度、pH 和酶浓度等恒定的条件下，当底物浓度在较底范围内增加时，酶促反应的初速度随着底物浓度的增加而加速。当底物增至一定浓度后，即使再增加其浓度，反应速度也不会再增大，即已达到最大反应速度。这是由于酶浓度限制于所形成的中间络合物浓度的缘故。Michaelis 和 Menten 从酶与底物先后结合形成中间产物，然后再分解为产物这个假定出发，根据 E + S 与 ES 之间的平衡迅速达到的前提，用数学推导得出底物浓度和酶促反应速度的关系式，称为米氏方程。

米氏方程式：

$$v = V[S]/(K_m + [S]) \tag{5-9}$$

式中　v——反应初速度；

　　　V——最大反应速度；

　　　$[S]$——底物浓度；

　　　K_m——米氏常数，其单位为摩尔浓度。

K_m 值是酶的一个特征性常数，一般说来，K_m 可以近似地表示酶与底物的亲合力。测定 K_m 值是酶学研究中的一个重要方法。对于一个酶促反应，在一定条件下，都有它特定的 K_m 值，故常用于鉴别酶。

【实验目的】

1. 了解底物浓度对酶促反应的影响。
2. 掌握测定米氏常数的原理和方法。

【实验原理】

Lineweaver-Burk 作图法是用实验方法测定 K_m 值的最常用的比较方便的方法，又称为双倒数作图法。

Lineweaver 和 Burk 将米氏方程改写成倒数形式：

$$1/v = K_m/V[S] + 1/V \tag{5-10}$$

实验时选择不同的 $[S]$，测定相对应的 v。求出两者的倒数，以 $1/v$ 对 $1/[S]$ 作图，得到一个斜率为 K_m/V 的直线。将直线外推与横轴相交，其横轴截距为 $-1/S = 1/K_m$，由此求出 K_m 值。这个方法比较简便。

碱性磷酸酶是一组酶，能水解多种磷酸酯，如磷酸苯二钠、3-磷酸甘油等，本实验以碱性磷酸酶为催化剂、磷酸苯二钠作为底物进行反应测定 Km，其最适 pH 为 10 左右。相应的酶促反应式为：

$$C_6H_5O - PO_3Na_2 + H_2O \longrightarrow C_6H_5OH + Na_2HPO_4$$

反应产生的酚可以使酚试剂中的磷钼酸及磷钨酸还原生成钼蓝及钨蓝，测其吸光度值，以此代表反应速度，用吸光值的倒数与底物浓度的倒数按 Lineweaver-Burk 作图法，在横轴上的截距求 K_m 值。

【仪器和试剂】

1. 仪器

（1）移液管。

（2）电子天平。

（3）容量瓶。

（4）量筒。

（5）圆底烧瓶。

（6）冷凝回流装置。

（7）棕色瓶。

（8）试管。

（9）分光光度计。

（10）离心机。

（11）水浴锅。

2. 试剂

（1）$1mol \cdot L^{-1}$磷酸苯二钠：称取127mg磷酸苯二钠，用煮沸后冷却的蒸馏水溶解并稀释至500mL，加2mL氯仿防腐，置棕色瓶中放冰箱保存，可用1周。

（2）$1mol \cdot L^{-1}$乙醇胺缓冲液（pH10.1）：称取乙醇胺（$NH_2CH_2CH_2OH$）61.1g加蒸馏水800mL，$0.3mL \cdot L^{-1}$氯化镁1.0mL，5%吐温80 20mL，混匀后用浓盐酸校正pH至10.1±0.05，再加水至1 000mL。

（3）碱性磷酸酶（$0.1mg \cdot mL^{-1}$）：取纯化碱性磷酸酶试剂10mg，加pH10乙醇胺缓冲液至100mL。

（4）酚试剂：于1 500mL圆底烧瓶内加入钨酸钠（$Na_2WO_4 \cdot 2H_2O$）100g，钼酸钠（$Na_2M_oO_4 \cdot 2H_2O$）25g、蒸馏水700mL、85%磷酸50mL及浓盐酸100mL。装接冷凝器于瓶上，慢慢加热回流10h。再加$Li_2SO_4 \cdot 2H_2O$ 150g及蒸馏水50mL，必要时过滤。如显绿色，可加溴水数滴使其氧化呈淡黄色。然后煮沸除去过剩的溴，待冷却后稀释至1 000mL，此为储备液，贮于棕色瓶中，使用时加等量蒸馏水稀释之。

（5）7.5% Na_2CO_3：称取无水碳酸钠75g加蒸馏水溶解并稀释至1 000mL。

（6）蒸馏水。

【实验步骤】

1. 取试管6支，按表5-12试剂和顺序进行操作。

表5-12 标准曲线制作

试管号	1	2	3	4	5	6
$1mol \cdot L^{-1}$磷酸苯二钠/mL	0	0.1	0.15	0.2	0.4	0.6
蒸馏水/mL	1.0	0.9	0.85	0.8	0.6	0.4
$1mol \cdot L^{-1}$乙醇胺缓冲液/mL	0.5	0.5	0.5	0.5	0.5	0.5

（续）

试管号	1	2	3	4	5	6
	充分混匀，置 37℃ 水浴预热 10min					
碱性磷酸酶(37℃预温)/mL	0.5	0.5	0.5	0.5	0.5	0.5
	加酶后立即混匀，置 37℃ 水浴准确保温 15min					
酚试剂/mL	0.5	0.5	0.5	0.5	0.5	0.5
7.5% Na_2CO_3/mL	4.0	4.0	4.0	4.0	4.0	4.0
	充分混匀，置 37℃ 水浴保温 20min					

2. 将试管从水浴锅中取出，4 000rpm 下离心 10min，取上清液，以 1 号管为空白在 650nm 下测定吸光度 A。

【数据处理】

以各管吸光度值 A 的倒数(代表反应速度的倒数，$1/v$)为纵坐标，$1/[S]$ 为横坐标，在方格纸上作图，从图上找出 K_m 的负倒数，求出碱性磷酸酶的 K_m。

【注意事项】

1. 反应速率只在最初一段时间内保持恒定，随着反应时间的延长，酶促反应速率逐渐下降。因此，研究酶的活力以酶促反应初速为准。

2. 为了保证本定量实验测试的准确性，应尽量减少实验过程中带来的误差。在配置不同浓度的底物溶液时，要用同一母液进行稀释，保证底物浓度的准确性。各试剂的加量要准确，并严格控制酶促反应的时间。

思考题

1. 在什么条件下，测定 K_m 值可以作为鉴别酶的一种手段，为什么？

2. 米氏方程中的 K_m 有什么实际应用？

实验 14　叶片中叶绿素 a、b 含量的测定

【实验目的】

1. 学会叶绿素 a、b 含量的测定方法。

2. 了解分光光度法的测定原理。

【实验原理】

叶绿素 a、b 在波长方面的最大吸收峰位于 665nm 和 649nm，同时在该波长时叶绿素 a、b 的比吸收系数 K 为已知，我们即可以根据 Lambert Beer 定律，列出浓度 C 与光密度 D 之间的关系式：

$$D_{665} = 83.31C_a + 18.60C_b \tag{5-11}$$

$$D_{649} = 24.54C_a + 44.24C_b \tag{5-12}$$

式中　D_{665}，D_{649}——叶绿素溶液在波长 665nm 和 649nm 时的光密度；

　　　　C_a，C_b——叶绿素 a、b 的浓度（$g \cdot L^{-1}$）；

　　　　82.04，9.27——叶绿素 a、b 分别在波长 665nm 时的比吸收系数；

　　　　16.75，45.6——叶绿素 a、b 分别在波长 649nm 时的比吸收系数。

解方程式(5-14)式(5-15)，则得：

$$C_A = 13.7 D_{665} - 5.76 D_{649}$$
$$C_B = 25.8 D_{649} - 7.6 D_{665}$$
$$G = C_A + C_B = 6.10 D_{665} + 20.04 D_{649}$$

此时，G 为总叶绿素浓度，C_A、C_B 为叶绿素 a、b 浓度，单位为 $mg \cdot L^{-1}$，利用上面 3 式，即可以计算叶绿素 a、b 及总叶绿素的总含量。

【仪器和试剂】

（1）721 分光光度计。

（2）电子天平。

（3）研钵。

（4）剪刀。

（5）容量瓶（25mL）。

（6）漏斗。

（7）滤纸。

（8）乙醇（95%）。

（9）菠菜叶片。

【实验步骤】

1. 称取 0.1g 新鲜叶片，剪碎，放在研钵中，加入乙醇 10mL 共研磨成匀浆，再加 5mL 乙醇，过滤，最后将滤液用乙醇定容到 25mL。

2. 取一光径为 1cm 的比色杯，注入上述的叶绿素乙醇溶液，另加乙醇注入另一同样规格的比色杯中，作为对照，在 721 分光光度计下分别以 665nm 和 649nm 波长测出该色素液的光密度。

计算结果：

$$叶绿素 a 含量（mg \cdot g^{-1} \cdot FW） = C_A \times \frac{25}{1000} \times \frac{1}{0.2} \tag{5-13}$$

$$叶绿素 b 含量（mg \cdot g^{-1} \cdot FW） = C_B \times \frac{25}{1000} \times \frac{1}{0.2} \tag{5-14}$$

$$叶绿素总量（mg \cdot g^{-1} \cdot FW） = G \times \frac{25}{1000} \times \frac{1}{0.2} \tag{5-15}$$

【数据处理】

实验数据记录并计算所测植物材料的叶绿素含量。

【注意事项】

1. 为了避免叶绿素光分解，操作时应在弱光下进行，研磨时间应尽量短些。

2. 叶绿体色素提取液不能混浊，可在 665nm 和 649nm 波长下测量吸光度，其值应小于当波长为叶绿素 a 吸收峰时吸光度值的 5%，否则应重新过滤。

3. 用分光光度计法测定叶绿素含量，对分光光度计的波长精确度要求较高。如果波长与原吸收峰波长相差 1nm，则叶绿素 a 的测定误差为 2%，叶绿素 b 为 19%，使用前必须对分光光度计的波长进行校正。校正方法除按仪器说明书外，还应以纯的叶绿素 a、b 来校正。

思考题

1. 测定叶绿素 a、b 含量为什么要选用红光的波长？

2. 叶绿素 a、b 在蓝色区也有吸收峰，能否用这一吸收峰波长进行叶绿素的定量分析？为什么？

实验 15 维生素 C 片中抗坏血酸含量的测定(直接碘量法)

【实验目的】

1. 掌握碘标准溶液的配制及标定。

2. 掌握直接碘量法测定维生素 C(V_c)的基本原理及操作过程。

【实验原理】

维生素 C 的半反应式为

$$C_6H_8O_6 \Longrightarrow C_6H_6O_6 + 2H^+ + 2e^- \qquad \varphi^\theta \approx +0.18 \text{ V}$$

1mol 维生素 C 与 1mol I_2 定量反应，维生素 C 的摩尔质量为 176.12 $g \cdot mol^{-1}$。该反应可以用于测定药片，注射液及果蔬中的维生素 C 含量。由于维生素 C 的还原性很强，在空气中极易被氧化，尤其在碱性介质中，测定时加入 HAc 使溶液呈弱酸性，减少维生素 C 的副反应。维生素 C 在医药和化学上应用非常广泛。在分析化学中常用在光度法和络合滴定法中作为还原剂，如使 Fe^{3+} 还原为 Fe^{2+}，Cu^{2+} 还原为 Cu^+，硒还原为硒(Ⅲ)等。

【仪器和试剂】

1. 仪器

(1)分析天平。

(2)酸式滴定管。

(3)容量瓶。

（4）移液管。

（5）洗瓶等常规分析仪器。

2. 试剂

（1）I_2 标准溶液：$c(I_2) = 0.050 \text{ mol} \cdot \text{L}^{-1}$。

（2）$Na_2S_2O_3$ 标准溶液：$0.01 \text{ mol} \cdot \text{L}^{-1}$。

（3）淀粉溶液：$5 \text{ g} \cdot \text{L}^{-1}$。

（4）醋酸：$2 \text{ mol} \cdot \text{L}^{-1}$。

（5）Na_2CO_3 固体。

（6）维生素 C 片。

（7）NaOH 溶液：$6 \text{ mol} \cdot \text{L}^{-1}$。

（8）$K_2Cr_2O_7$ 基准物质。

【实验步骤】

1. $0.05 \text{ mol} \cdot \text{L}^{-1}$ I_2 溶液和 $0.1 \text{ mol} \cdot \text{L}^{-1}$ 的 $Na_2S_2O_3$ 溶液的配制

用天平称取 $Na_2S_2O_3 \cdot 5H_2O$ 约 6.2 g，溶于适量刚煮沸并已冷却的水中，加入 Na_2CO_3 约 0.05 g 后，稀释至 250 mL，倒入细口瓶中，放置 1~2 周后标定。

在天平上称取 I_2（预先磨细过）约 3.2 g，置于 250 mL 烧杯中，加 6 g KI，再加少量水，搅拌，待 I_2 全部溶解后，加水稀释至 250 mL。混合均匀。贮藏在棕色细口瓶中，放于暗处。

2. $Na_2S_2O_3$ 溶液的标定

精确称取 0.15 g 左右 $K_2Cr_2O_7$ 基准试剂 3 份，分别置于 250 mL 的锥型瓶中，加入 10~20 mL 的蒸馏水使之溶解。加 2 g KI，10 mL 2 $\text{mol} \cdot \text{L}^{-1}$ 的盐酸，充分混合溶解后，盖好塞子以防止 I_2 因挥发而损失。在暗处放置 5 min，然后加 50 mL 水稀释，用 $Na_2S_2O_3$ 溶液滴定到溶液呈浅绿黄色时，加 2 mL 淀粉溶液。继续滴入 $Na_2S_2O_3$ 溶液，直至蓝色刚刚消失而 Cr^{3+} 绿色出现为止。记下 $Na_2S_2O_3$ 溶液的体积，计算 $Na_2S_2O_3$ 溶液的浓度。

3. 用 $Na_2S_2O_3$ 标准溶液标定 I_2 溶液

分别移取 25.00 mL $Na_2S_2O_3$ 溶液 3 份，分别加入 50 mL 水，2 mL 淀粉溶液，用 I_2 溶液滴定至稳定的蓝色不褪，记下 I_2 溶液的体积，计算溶液的浓度。

4. 维生素 C 片中抗坏血酸含量的测定

将准确称取好的维生素 C 片约 0.2 g 置于 250 mL 的锥形瓶中，加入煮沸过的冷却蒸馏水 50 mL，立即加入 10 mL 2 $\text{mol} \cdot \text{L}^{-1}$ HAc，加入 3 mL 淀粉立即用 I_2 标准溶液滴定呈现稳定的蓝色。记下消耗 I_2 标准溶液的体积，计算维生素 C 含量。（平行三份）

【数据处理】

1. 自行设计数据记录表格。

2. 推导出计算维生素 C 含量的计算公式进行计算。

【注意事项】

1. 实验过程中要注意防止碘的挥发。

2. 淀粉必须在临近终点时才加入。

思考题

1. 测定维生素 C 的溶液中加入醋酸的作用是什么？
2. 配制 I_2 溶液时加入 KI 的目的是什么？

实验 16 过氧化氢酶 K_m 数值的测定实验——底物浓度对酶促反应速度的影响

【实验目的】

1. 了解底物浓度对酶促反应的影响。
2. 掌握测定米氏常数的原理和方法。

【实验原理】

Lineweaver-Burk 作图法是用实验方法测定 K_m 值的最常用的比较方便的方法，又称为双倒数作图法。

Lineweaver 和 Burk 将米氏方程改写成倒数形式：

$$1/v = K_m/V\,[S] + 1/V$$

实验时选择不同的 $[S]$，测定相对应的 v。求出两者的倒数，以 $1/v$ 对 $1/[S]$ 作图，得到一个斜率为 K_m/V 的直线。将直线外推与横轴相交，其横轴截矩为 $-1/S = 1/K_m$，由此求出 K_m 值。这个方法比较简便。

本实验以红细胞的过氧化氢酶为材料，采用 Lineweaver-Burk 双倒数作图法测定 K_m 值。H_2O_2 被 H_2O_2 酶分解为 H_2O 和 O_2，剩余的 H_2O_2 用 $KMnO_4$ 在酸性溶液中进行滴定。已知不同的浓度底物（H_2O_2），反应后，用 $KMnO_4$ 滴定可求出反应前后 H_2O_2 的浓度差即反应速度，作图可求出 H_2O_2 酶的米氏常数。

【仪器和试剂】

1. 仪器
(1) 锥形瓶：50 mL 7 个。
(2) 吸量管：5mL 2 支、2mL 5 支、1mL 3 支。
(3) 血色素吸管：1 支。
(4) 酸式滴定管：50mL 2 支。
(5) 量筒：5mL 1 个。
(6) 滴定管台架：1 个。

2. 试剂
(1) 0.004 0mol·L^{-1} $KMnO_4$ 溶液：0.02 mol·L^{-1} $KMnO_4$ 贮存液：称取 $KMnO_4$（A.R.）3.4g，溶于 1 000mL 蒸馏水中，加热搅拌，待全部溶解，用表面皿盖好，在低于沸点的温度

加热数小时，冷却并放置过夜；再用玻璃丝过滤，置于棕色瓶内保存。

临用前，吸取上述约 0.02 mol·L^{-1} KMnO$_4$ 贮存液 20.0mL 于锥形瓶中，加入浓 H$_2$SO$_4$ 1mL。于 70℃ 用标准 0.0500 mol·L^{-1} 草酸钠溶液标定，再稀释成 0.004 0 mol·L^{-1} KMnO$_4$ 溶液。每次配制，都必须重新标定贮存液。

（2）0.075 mol·L^{-1} H$_2$O$_2$ 溶液

（3）25% H$_2$SO$_4$ 溶液

（4）pH7.0 条件下 0.2 mol·L^{-1} 磷酸盐缓冲液：61.0mL 0.2 mol·L^{-1} Na$_2$HPO$_4$ 与 39.0mL 0.2 mol·L^{-1} NaH$_2$PO$_4$ 混合。

（5）新鲜人血液或新鲜兔血液。

【实验步骤】

1. H$_2$O$_2$ 浓度的标定

取干燥 50mL 锥形瓶 2 个，各加浓度约为 0.075 mol·L^{-1} H$_2$O$_2$ 溶液 2.0mL 和 25% H$_2$SO$_4$ 溶液 2.0mL，分别用 0.004 0 mol·L^{-1} KMnO$_4$ 溶液滴定至微红色，记录消耗的 mL 数。取平均值，计算准确的 mol·L^{-1} 浓度。

2. 血液的稀释

用血色素吸管吸取新鲜血液（或等体积 0.9% NaCl 悬浮的血球）20μL 用蒸馏水稀释至 5.0mL，再加 pH7.0，0.2 mol·L^{-1} 磷酸盐缓冲液 55.0mL，摇匀，即为 1:3 000 稀释的血液。（如用新鲜兔血液稀释比例 1:1 000）。

3. 反应速度的测定

取干燥的 50mL 锥形瓶 5 只，编号按表 5-13 操作：

1:3 000 稀释血液应以 1min 间隔加入，加后立即摇匀。每瓶准确静置 5min，到时间立即加 25% H$_2$SO$_4$ 2mL，加入速度愈快愈好，边加边摇，使酶促反应迅速中止。最后用标准 0.004 0 mol·L^{-1} KMnO$_4$ 溶液滴定，记录各瓶消耗 KMnO$_4$ 溶液的体积（mL）和室温。

表 5-13　反应速度测定

编号	加入标定好浓度的 H$_2$O$_2$/mL	蒸馏水/mL	1:3 000 稀释血液/mL
1	4.5	—	0.5
2	3.5	1.0	0.5
3	2.5	2.0	0.5
4	1.5	3.0	0.5
5	1.0	3.5	0.5

【数据处理】

按照式（5-16）分别计算 v 和 [S] 值：

$$v = 0.075\ 0 \times V_{H_2O_2} - V_{KMnO4} \times 2.5 \times 0.004\ 0$$
$$[S] = 0.075\ 0 \times V_{H_2O_2}/5 \tag{5-16}$$

式中　$V_{H_2O_2}$——加入 H$_2$O$_2$ 的体积（mL）；

V_{KMnO4}——滴定所消耗 $KMnO_4$ 体积(mL)。

以 $1/v$ 为纵坐标, $1/[S]$ 为横坐标,在方格纸上作图,从图上找出 K_m 的负倒数,求出 Km。

【注意事项】

1. 反应速率只在最初一段时间内保持恒定,随着反应时间的延长,酶促反应速率逐渐下降。因此,研究酶的活力以酶促反应初速为准。

2. 为了保证本定量实验测试的准确性,应尽量减少实验过程中带来的误差。在配置不同浓度的底物溶液时,要用同一母液进行稀释,保证底物浓度的准确性。各试剂的加量要准确,并严格控制酶促反应的时间。

思考题

1. 说明底物对酶促反应速率的影响特征。

2. 在什么条件下,测定 K_m 值可以作为鉴别酶的一种手段,为什么?

3. 米氏方程中的 K_m 有什么实际应用?

实验17 胰蛋白酶 K_m 数值的测定实验—— 底物浓度对酶促反应速度的影响

【实验目的】

1. 了解底物浓度对酶促反应的影响。

2. 掌握测定米氏常数的原理和方法。

【实验原理】

胰蛋白酶是胰液中的一个酶,它催化蛋白质中碱性氨基酸(L-精氨酸和 L-赖氨酸)的羧基所形成的肽键水解。水解时生成自由氨基,因此,可以用甲醛滴定法判断自由氨基增加的数量来追踪反应。本实验以胰蛋白酶消化酪蛋白为催化剂进行酶促反应,采用 Lineweaver-Burk 双倒数作图法测定 K_m 值。

【仪器和试剂】

1. 仪器

(1)50mL 及 150mL 锥形瓶。

(2)25mL 碱滴定管、滴定台、蝴蝶夹。

(3)10mL 及 5mL 吸管。

(4)100mL 量筒。

(5)恒温水浴。

2. 试剂

(1)40g·L^{-1} 酪蛋白溶液(pH8.5)1 000mL:40g 酪蛋白溶解在大约 900mL 水中再加

20mL、1mol·L^{-1} NaOH，连续振荡此悬浮液，微热直至溶解，最后用 1mol·L^{-1}HCl 或 1mol·L^{-1}NaOH 调到 pH8.5，并用水稀释至 1 000mL。

（2）胰蛋白酶溶液（40g·L^{-1}）：2 000mL，可用由胰脏制备的粗胰蛋白酶制剂配制并放入冰箱内保存。

（3）甲醛溶液（400g·L^{-1}）：500mL。

（4）酚酞（2.5g·L^{-1}乙醇）：200mL。

（5）标准 NaOH（约 0.1mol·L^{-1}）溶液：4 000mL。

【实验步骤】

1. 分别向 6 个小锥形瓶中加入 5mL 甲醛溶液和 1 滴酚酞并滴加 0.1mol·L^{-1}标准氢氧化钠溶液直至混合物呈微粉红色。所有锥形瓶中的颜色应当一致。

2. 量取 100mL 酪蛋白溶液，加到 1 支锥形瓶中，在 37℃ 水浴中保温 10min。将胰蛋白酶液也在 37℃ 水浴中保温 10min。然后精确地量取 10mL 酶液加到酪蛋白溶液中，同时记时。充分混合后，随即取出 10mL 反应混合物（作为 0min 的样品）至 1 支含甲醛的锥形瓶中。向所取的反应混合物中加入酚酞（每毫升混合物加入 1 滴酚酞），用 0.1mol·L^{-1} NaOH 滴定直至呈微弱但持续的粉红色，在接近到达终点之前，再加入指示剂（每毫升氢氧化钠溶液加入 1 滴酚酞）。然后，继续滴至终点，记下所用 0.1mol·L^{-1}氢氧化钠溶液的体积（mL）。

3. 分别在 2min、4min、6min、8min 和 10min 时，取出 10mL 消化样品，准确地照上述操作步骤进行，保证每个样品中滴定终点的颜色应当一致的。

4. 配制不同浓度的酪蛋白溶液（7.5g·L^{-1}、10g·L^{-1}、15g·L^{-1}、20g·L^{-1}、30g·L^{-1}）测定不同底物浓度时的活力。

【数据处理】

对于不同浓度的酪蛋白溶液，以消耗的 0.1mol·L^{-1}氢氧化钠溶液的体积的增加量为纵坐标、时间为横坐标绘制曲线，确定酶促反应的初速度 v。

以 $1/v$ 为纵坐标，$1/[S]$ 为横坐标，在方格纸上作图，从图上找出 K_m 的负倒数，求出 K_m。

【注意事项】

1. 反应速率只在最初一段时间内保持恒定，随着反应时间的延长，酶促反应速率逐渐下降。因此，研究酶的活力以酶促反应初速为准。

2. 为了保证本定量实验测试的准确性，应尽量减少实验过程中带来的误差。在配置不同浓度的底物溶液时，要用同一母液进行稀释，保证底物浓度的准确性。各试剂的加量要准确，并严格控制酶促反应的时间。

思考题

1. 说明底物对酶促反应速率的影响特征。

2. 在什么条件下，测定 K_m 值可以作为鉴别酶的一种手段，为什么？

3. 米氏方程中的 K_m 有什么实际应用？

实验 18 温度、pH 和抑制剂对酶促反应速率的影响

酶的催化作用受温度、pH 和抑制剂的影响。

温度降低时,酶促反应速度降低以至完全停止;随着温度升高,反应速度逐渐加快。在某一温度时反应速度达到最大值,此温度称酶作用的最适温度。温度继续升高,反应速度反而下降。

pH 值影响酶促反应速度,是由于酶本身是蛋白质。pH 不仅影响酶蛋白分子某些基团的解离,也影响底物的解离程度,从而影响酶与底物的结合。当酶促反应速度达到最大值时的溶液 pH 值,称为该酶的最适 pH。

凡是能够提高酶活性,加快酶促反应速度的物质都称为酶的激动剂。凡是能够降低酶的活性,使酶促反应速度减慢,又不使酶变性的物质称为酶的抑制剂。

【实验目的】

了解温度、pH、激动剂和抑制剂对酶促反应的影响。

【实验原理】

温度与酶促反应速度关系密切。人体内大多数酶的最适温度在 37℃左右。大多数动物酶的最适温度为 37~40℃,植物酶的最适温度为 50~60℃。酶对温度的稳定性与其存在形式有关。有些酶的干燥制剂,虽加热到 100℃其活性并无明显改变,但在 100℃的溶液中却很快地完全失去活性。低温能降低或抑制酶的活性,但不能使酶失活。

pH 值影响酶促反应速度。不同的酶最适 pH 值不尽相同,人体多数酶的最适 pH 值在 7.0 左右。例如唾液淀粉酶的最适 pH 值为 6.8。

Cl^- 是唾液淀粉酶的激动剂。Cu^{2+} 是唾液淀粉酶的抑制剂。

淀粉和可溶性淀粉遇碘呈蓝色。糊精按其分子的大小,遇碘可呈蓝色、紫色、暗褐色或红色。最简单的糊精遇碘不呈颜色,麦芽糖遇碘也不呈色。在不同条件下,淀粉被唾液淀粉酶水解的程度,可由水解混合物遇碘呈现的颜色来判断。本实验以淀粉溶液在唾液酶的催化下的酶促反应为对象,测试不同温度、pH 和抑制剂或激动剂作用下酶促反应速率的变化。

【仪器和试剂】

1. 仪器

(1)移液管。

(2)容量瓶。

(3)量筒。

(4)电子天平。

(5)精密 pH 计。

(6)定性滤纸。

(7)漏斗。

（8）脱脂棉。

（9）试管。

（10）恒温水浴。

（11）沸水浴。

（12）冰水浴。

2. 试剂

（1）0.2%淀粉溶液。

（2）0.3% NaCl 溶液。

（3）不同 pH 值缓冲溶液的配制。

①$1/15 mol \cdot L^{-1}$ KH_2PO_4液：称取纯 KH_2PO_4 9.078g 加蒸馏水溶解并稀释成 1 000mL。

②$1/15 mol \cdot L^{-1}$ Na_2HPO_4液：称取 $Na_2HPO_4 \cdot 2H_2O$ 11.815g，加蒸馏水溶解并稀释成 1 000mL。上述两液下列比例混合均匀，即可得到不同 pH 值的缓冲溶液。

表 5-14 不同 pH 值缓冲溶液配制

pH	4.92	6.81	8.67
$1/15 mol \cdot L^{-1}$ KH_2PO_4	9.9	5.0	0.1
$1/15 mol \cdot L^{-1}$ Na_2HPO_4	0.1	5.0	0.9

（5）0.5 % $CuSO_4$溶液。

（6）蒸馏水。

【实验步骤】

1. 制备稀唾液

用清水漱口，含蒸馏水少许行咀嚼动作以刺激唾液分泌。在小漏斗中垫入一块薄薄的脱脂棉，直接将唾液吐入漏斗过滤。取过滤的唾液 2mL 加蒸馏水 18mL 混匀备用。

2. 温度对酶促反应速度的影响

（1）取试管 3 支，编号，按表 5-15 依次加入各种试剂。

表 5-15 溶液配制

试管号	0.2%淀粉溶液/mL	pH 6.81 缓冲液/mL	0.3% NaCl 溶液/mL
1	5.0	1.0	1.0
2	5.0	1.0	1.0
3	5.0	1.0	1.0

（2）将上述溶液混匀后，将 1 号、2 号、3 号试管分别置于沸水浴、温水浴（37~40℃）和冰水浴中 5min，此间振荡之，使温度达到平衡。然后向各试管中加入稀唾液 1.0mL 混匀，15min 后取出，并向各试管加碘液 1 滴，观察颜色变化并予以分析。

3. pH 对酶促反应速度的影响

（1）取试管 4 支，编号，按表 5-16 依次加入各种试剂。

表 5-16 溶液和缓冲液配制

试管号	0.2% 淀粉溶液/mL	pH4.92 缓冲液/mL	pH 6.81 缓冲液/mL	pH 8.67 缓冲液/mL	0.3% NaCl 溶液/mL
1	5.0	2.0			1.0
2	5.0		2.0		1.0
3	5.0			2.0	1.0
4	5.0		2.0		1.0

（2）将上述溶液混匀后，管置于温水浴（37~40℃）中保温 5min，此间振荡之，使温度达到平衡。然后向 1、2、3 号试管中加入稀唾液 1.0mL，4 号试管中加入蒸馏水 1.0mL（作为对照），混匀，立即放回温水浴，继续保温 15min 后取出，并向各试管加碘液 1 滴，观察颜色并解释结果。

4. 激动剂和抑制剂对酶促反应速度的影响

（1）取试管 3 支，编号，按表 5-17 依次加入各种试剂。

表 5-17 各种溶液配制

试管号	0.2% 淀粉溶液/mL	pH 6.81 缓冲液/mL	蒸馏水/mL	0.3% NaCl 溶液/mL	0.5% CuSO4 溶液/mL	稀唾液/mL
1	3.0	1.0	1.0			1.0
2	3.0	1.0		1.0		1.0
3	3.0	1.0			1.0	1.0

（2）将上述溶液混匀后，置于温水浴（37~40℃）中保温 15min 后，取出。冷却后分别加碘液 1 滴，观察颜色变化并解释结果。

【数据处理】

拍摄颜色变化，分析各种因素对酶促反应速率的影响。

【注意事项】

1. 应收集混合唾液，以免个别人唾液淀粉酶活性过高或过低，影响实验进行。

2. 稀释唾液的制备是实验成功与否的关键。制备稀释唾液时，口含的时间不能太长或太短，约 1~2min。

思考题

1. 说明温度对酶促反应的影响特征。

2. 说明 pH 对酶促反应的影响特征，为什么酶促反应存在最适 pH？

3. 酶促反应中抑制剂的作用原因是什么？

5.3 创新性步骤

实验 19　维生素 C 的定量测定(磷钼酸法)

【实验目的】

1. 了解维生素 C 的测定方法。
2. 加深理解维生素 C 的理化性质。

【实验原理】

钼酸铵在一定条件下(有硫酸和偏磷酸根离子存在)与维生素 C 反应生成蓝色结合物。在一定浓度范围(样品控制浓度在 $25\sim250$ $ug\cdot mL^{-1}$)吸光度与浓度呈直线关系。在偏磷酸存在下,样品所在的还原糖及其他常见的还原性物质均无干扰,因而专一性好,且反应迅速。

【仪器和试剂】

1. 仪器

(1)松针、绿色蔬菜、橘子、广柑等富含维生素 C 的生物材料。

(2) 722 型(或 7220 型)分光光度计。

(3)水浴锅。

(4)离心机 4 000 rpm。

(5)组织捣碎机。

(6)吸管 0.10 mL(×2),0.20 mL(×2),0.50 mL(×2),1.0 mL(×3),2.0 mL(×1),5.0 mL(×1)。

(7)试管 1.5×15 cm(×10)。

(8)试管架。

(9)吸管架。

2. 试剂

(1)5% 钼酸铵:5 g 钼酸铵加蒸馏水定容至 100 mL。

(2)草酸(0.05 $mol\cdot L^{-1}$)-EDTA(0.02 $mol\cdot L^{-1}$)溶液:称取草酸 6.3 g 和 EDTA 二钠盐 0.75 g,用蒸馏水溶解后定容至 1 000 mL。

(3)硫酸(1:19):取 19 份体积蒸馏水加入 1 份体积硫酸。

(4)冰乙酸(1:5):取 5 份体积水加入 1 份体积冰乙酸即成。

(5)偏磷酸—乙酸溶液:取粉碎好的偏磷酸 3 g,加入 48 mL(1:5)冰乙酸,溶解后加蒸馏水稀释至 100 mL;必要时过滤;此试剂放冰箱中可保存 3d。

(6)标准维生素 C 溶液(0.25 $mg\cdot mL^{-1}$):准确称取维生素 C 25mg,用蒸馏水溶解,加适量草酸-EDTA 溶液,然后用蒸馏水稀释至 100 mL,放冰箱贮存,可用 1 周。

【实验步骤】

1. 制作标准曲线

取试管 9 支，按表 5-17 进行操作。

30℃水浴 15 min 后，测定。以吸光度值为纵坐标，维生素 C 质量(ug)为横坐标作图。

表 5-17 维生素 C 的定量测定—标准曲线的制作

	0	1	2	3	4	5	6	7	8
标准维生素 C 溶液(0.25 mg·mL^{-1})/mL	0.0	0.1	0.2	0.3	0.4	0.5	0.6	0.8	1.0
蒸馏水/mL	1.0	0.9	0.8	0.7	0.6	0.5	0.4	0.2	0.0
草酸-EDTA 溶液/mL	2.0	2.0	2.0	2.0	2.0	2.0	2.0	2.0	2.0
偏磷酸-乙酸/mL	0.5	0.5	0.5	0.5	0.5	0.5	0.5	0.5	0.5
1:19 H_2SO_4/mL	1.0	1.0	1.0	1.0	1.0	1.0	1.0	1.0	1.0
5% 钼酸铵/mL	2.0	2.0	2.0	2.0	2.0	2.0	2.0	2.0	2.0
				摇匀，30 ℃水浴 15 min					
维生素 C 质量/μg	0	25	50	75	100	125	150	200	250
A_{760nm}									

2. 样品测定

将所用生物材料如青菜、松针，洗净擦干，准确称取 5 000～10 000 g，加入草酸-EDTA 溶液至 50 mL，组织捣碎机中匀浆 2 min，取上层清液离心(4 000 rpm)5 min(也可准确称取 5 000 g，加入研钵内，加入少许草酸-EDTA 溶液，研碎，如此反复 3 次，最后一并倒入 100 mL容量瓶内，然后用草酸-EDTA 溶液定容至 100 mL，取上清液，离心)，取上清液 0.5 mL，其余按做标准曲线第二步(即加草酸-EDTA)做起，根据吸光度值查标准曲线。

【数据处理】

1. 自行设计数据记录表格
2. 计算公式

$$m = \frac{m_0 V_1}{m_1 V_2 \times 10^3} \times 100 \tag{5-19}$$

式中　m——100 g 样品中含抗坏血酸的质量(mg)；

　　　m_0——查标准曲线所得维生素 C 的质量(μg)；

　　　V_1——稀释总体积(mL)；

　　　m_1——称样质量(g)；

　　　V_2——测定时取样体积(mL)；

　　　10^3——μg 换算成 mg。

实验 20　聚丙烯酰胺凝胶电泳分析过氧化物酶同工酶

聚丙烯酰胺凝胶电泳(polyacryamide gel electrophoresis 简称 PAGE)根据其浓缩效应的存在与否，可以分为连续与不连续系统 2 大类，连续系统的电泳体系中缓冲液 pH 值及凝胶浓度相同，带电颗粒在电场作用下，主要靠电荷及分子筛效应；不连续系统的电泳体系中由于缓冲液离子成分、pH、凝胶浓度及电位梯度的不连续性，带电颗粒在电场中泳动不仅有电荷效应、分子筛效应、还具有浓缩效应，因而其分离条带清晰度及分辨率均较前者佳。目前常用的多为垂直的圆盘及板状两种，前者凝胶是在玻璃管中聚合，样品分离区带染色后呈圆盘状，因而称为圆盘电泳（disc electrophoresis）；后者，凝胶是在间隔几毫米的平行玻璃板中聚合，故称为板状电泳（slab electrophoresis），两者电泳原理完全相同。PAGE 具有较高的分辨率，就是因为在电泳体系中集样品浓缩效应、分子筛效应及电荷效应为一体。

【实验目的】

1. 了解聚丙烯酰胺凝胶电泳的原理。
2. 掌握聚丙烯酰胺凝胶电泳的操作技术。
3. 了解过氧化物酶同工酶电泳过程。

【实验原理】

对于普通连续的丙烯酰胺凝胶电泳而言，多组分样品在电泳的分离中主要依靠两种效应：电荷效应，即带净电荷多的蛋白质分子移动得快，反之则慢；分子筛效应，即分子量或构型不同的蛋白质分子，通过一定的孔径的校对，受到的阻力不同，分子量小的或构型适合于通过凝胶孔径的分子移动得快，反之则慢。

不连续聚丙烯酰胺凝胶电泳，系统的不连续性表现在以下几个方面：

（1）凝胶板由上、下两层胶组成，两层凝胶的孔径不同。上层为大孔径的浓缩胶，下层为小孔径的分离胶。

（2）缓冲液离子组成及各层凝胶的 pH 不同。本实验采用碱性系统。电极缓冲液为 pH8.3 的 Tris-甘氨酸缓冲液，浓缩胶为 pH6.7 的 Tris-HCl 缓冲液。而分离胶为 pH8.9 的 Tris-HCl 缓冲液。

（3）在电场中形成不连续的电位梯度。在这样一个不连续的系统里，存在 3 种物理效应，即电荷效应、分子筛效应和浓缩效应。在这 3 种效应的共同作用下，待测物质被很好地分离开来。

在本实验中，主要通过不连续聚丙烯酰胺凝胶电泳分离小麦苗过氧化物酶同工酶，相应的 3 种效应的作用如下：

①电荷效应：各种酶蛋白按其所带电荷的种类及数量，在电场作用下向一定电极，以一定速度泳动。

②分子筛效应：相对分子质量小，形状为球形的分子在电泳过程中受到阻力较小，移动较快；反之，相对分子质量大、形状不规则的分子，电泳过程中受到的阻力较大，移动较慢。这种效应与凝胶过滤过程中的情况不同。

③浓缩效应：待分离样品中的各组分在浓缩胶中会被压缩成层，而使原来很稀的样品得到高度浓缩。

其原因如下：由于两层凝胶孔径不同，酶蛋白向下移动到两层凝胶界面时，阻力突然加大，速度变慢。使得在该界面处的待分离酶蛋白区带变窄，浓度升高。

在聚丙烯酰胺凝胶中，虽然浓缩胶和分离胶用的都是 Tris-HCl 缓冲液，但上层浓缩胶为 pH 6.7，下层分离胶为 pH 8.9。HCl 是强电解质，不管在哪层胶中，HCl 几乎都全部电离，Cl^- 布满整个胶板。待分离的酶蛋白样品加在样品槽中，浸在 pH8.3 和 Tris-甘氨酸缓冲液中。电泳一开始，有效泳动率最大的 Cl^- 迅速跑到最前边，成为快离子(前导离子)。在 pH6.7 条件下解离度仅有 0.1%~1% 的甘氨酸(等电点 pI = 6.0)有效泳动率最低，跑在最后边，成为慢离子(尾随离子)。这样，快离子和慢离子之间就形成了一个不断移动的界面。在 pH6.7 条件下带有负电荷的酶蛋白，其有效泳动率介于快慢离子之间，被夹持分布于界面附近，逐渐形成一个区带。

由于快离子快速向前移动，在其原来停留的那部分地区成了低离子浓度区，即低电导区。因为电位梯度 V、电流强度 I 和电导率 S 之间有如下关系：

$$V = I/S \qquad\qquad (5-19)$$

所以在电流恒定条件下低电导区两侧就产生了较高的电位梯度。这种在电泳开始后产生的高电位梯度作用于酶蛋白和甘氨酸慢离子加速前进，追赶快离子。本来夹在快慢离子之间的酶蛋白区带，在这个追赶中被逐渐地压缩聚集成一条更为狭窄的区带。这就是所谓的浓缩效应。在此区带中，各种酶蛋白又按其电荷而分成不同层次，在进入分离胶前被初步分离，形成若干条离得很近但又不同的"起跑线"。

当酶蛋白和慢离子都进入分离胶后，pH 从 6.7 变为 8.9，甘氨酸解离度剧增，有效迁移率迅速加大，从而赶上并超过所有酶蛋白分子。此时，快慢离子的界面跑到被分离的酶蛋白之前，不连续的高电位梯度不再存在。于是，此后的电泳过程中，酶蛋白在一个均一的电位梯度和 pH 条件下，仅按电荷效应和分子筛效应而被分离。与连续系统相比，不连续系统的分辨率大大提高，因此已成为目前广泛使用的分离分析手段。

本实验测定的过氧化物酶同工酶在植物体内普遍存在，它与呼吸作用、光合作用及生长素的氧化都有关系，并在植物生长过程中活性及其同工酶不断变化，还可以反映某一时期植物体内代谢和变化。过氧化物同工酶因其分子量和所带电荷不同，在凝胶电泳过程中移动速率也就不同，然后通过过氧化物酶活性特殊染色方法，最后在凝胶上直接看到过氧化物同工酶的谱带。

【仪器和试剂】

1. 仪器
(1)电泳仪一套(包括稳压电源及垂直电泳槽)。
(2)高速离心机。
(3)真空泵及抽滤器。
(4)烘箱(或培养箱)。
(5)细玻管及玻璃架。
(6)研钵。
(7)注射器。
(8)培养皿。
(9)烧杯。

（10）橡皮膏、剪刀等。

2. 材料与试剂

（1）材料：小麦叶片。

（2）试剂见表5-18：

表 5-18　聚丙烯胺凝胶电泳贮液配制方法

序号	试剂名称	配制方法
1	1.5%琼脂	1.5g琼脂，100mL pH8.9 分离胶缓冲液浸泡，用前加热溶化
2	分离胶缓冲液，pH8.9 （pH8.9 Tris-HCl 缓冲液）	取 48 mL 1mol·L⁻¹ HCl，Tris36.8g，用无离子水溶解后定容至100 mL
3	浓缩胶缓冲液，pH6.7 （pH6.7 Tris-HCl 缓冲液）	取 48 mL 1 mol·L⁻¹ HCl，Tris 5.98g，用无离子水溶解后定容至100 mL
4	分离胶丙胶贮液 （Acr-Bis 贮液Ⅱ）	Acr 28.0g，Bis 0.735g，用无离子水溶解后定容至100 mL，过滤除去不溶物，装入棕色试剂瓶，4℃保存
5	浓缩胶丙胶贮液 （Acr-Bis 贮液Ⅰ）	Acr 10g，Bis 2.5g，用无离子水溶解后定容至100 mL，过滤除去不溶物，装入棕色试剂瓶，4℃保存
6	0.14%过硫酸铵溶液（Ap）	10g过硫酸铵溶于100 mL 无离子水中（当天配制）
7	四甲基乙二胺（TEMED）	原液
8	核黄素溶液	核黄素4.0mg，无离子水溶解后定容至100mL
9	电极缓冲液，pH8.3 （pH8.3 Tris-甘氨酸缓冲液）	Tris6 g，甘氨酸28.8 g，溶于无离子水后定容至1 000 mL，用时稀释 10 倍
10	40%蔗糖溶液	蔗糖40 g，溶于100 mL 无离子水中
11	pH 4.7 乙酸缓冲液	乙酸钠 70.52 g，溶于500 mL 蒸馏水中再加36 mL 冰乙酸，蒸馏水定容至1 000 mL
12	7%乙酸溶液	19.4 mL 36%乙酸稀释至100 mL
13	样品提取液，pH8.0 （pH8.0 Tris-HCl 缓冲液）	Tris12.1 g，加无离子水1 000 mL，以 HCl 调节 pH 至8.0
14	0.5%溴酚蓝溶液	0.5 g溴酚蓝溶于100 mL 无离子水中
15	联苯胺染色液	联苯胺 250 mg 溶于140 mL 95%乙醇中，加 20 mL 蒸馏水，使用前加3% H₂O₂ 4~5 mL（当天配制）

【实验步骤】

1. 电泳槽的安装

垂直板电泳槽的式样很多，目前常用的是用有机玻璃做的两个"半槽"组成的方形电泳槽，中间夹着凝胶模子，是由成套的两块玻璃板装入一个用硅酮橡胶做成的模套而构成，由硅酮橡胶套决定两玻璃板之间距离约为1.5mm，形成一个"胶室"，胶就在这两板之间的胶室内聚合成平板胶。当凝胶模子与两半槽固定在一起后，凝胶槽子两侧形成前后两个槽，供装电极缓冲液和冷凝管用。

将两块玻璃板用去污剂洗净，再用蒸馏水冲洗，直立干燥（勿用手指接触玻璃板面，可用手夹住玻璃板的两旁操作），然后正确放入硅胶条中，夹在电泳槽里，按对角线顺序旋紧螺丝，注意用力均衡以免夹碎玻璃板。安装好电泳槽用 pH8.3 缓冲液配制的 1.5%琼脂溶液封底，待琼脂凝固后即可灌制凝胶。

2. 凝胶的制备

（1）将贮液由冰箱取出，待与室温平衡后再配制工作液。

（2）按表5-19比例配制分离胶。

表5-19 分离胶配制方法

名　称	分离胶缓冲液	分离胶贮液	过硫酸铵	去离子水
用量/mL	2.5	5.0	10.0	2.5

将分离胶沿长玻璃板加入胶室内，小心不要产生气泡，加至距短玻璃板顶端3cm处，立即覆盖2~3mm的水层（或水饱和正丁醇），静置待聚合（约40min），当胶与水层的界面重新出现时表明胶已聚合。

（3）按表5-20比例配制浓缩胶。

表5-20 浓缩胶配制方法

名　称	浓缩胶缓冲液	浓缩胶贮液	核黄素溶液	蔗糖
用量/mL	1.0	2.0	1.0	4.0

先倒掉分离胶上的水层（可用滤纸吸），立即加入浓缩胶，插入梳子（即样品槽模板），待胶凝后，小心取出梳子。将稀释10倍的电极缓冲液倒入两槽中，前槽（短板侧）缓冲液要求没过样品槽，后槽（长板侧）缓冲液要没过电极，备用。

3. 样品的制备

取5g小麦叶片，剪碎后倒入研钵，加少量石英砂，再加少量（2mL左右）电极缓冲液，冰浴研磨均匀。

浆液移入离心管，用8mL左右的电极缓冲液分两三次洗研钵，并入离心管，然后以15 000g冷冻离心15min，取上清液。

在上清液中加入3~3.5g蔗糖，搅拌溶解，4℃冰箱保存。

4. 点样

用注射器吸取少量的样液，在接近凝胶面处轻轻加入，使样液层高1~2cm。

5. 电泳

将下槽电极接入电源的正极，上槽连接负极，打开电源开关，调节电流由零缓缓加大至每管2mA，于室温下进行电泳。

当示踪染料溴酚蓝行至距末端1cm左右时，即可关闭电源，停止电泳。

为防止温度过高，破坏酶的活性，可适当减少电流，延长电泳时间，或采取降温措施。

6. 取胶

取出电泳胶板，去掉胶套，掀开玻璃，去掉浓缩胶，用玻棒协助将分离胶放到盛有蒸馏水的培养皿中。

7. 过氧化物酶同工酶的显色

弃去培养皿中的水，倒入过氧化物酶显色液使浸没胶板，于25℃下反应10min，即可观察到棕红色的过氧化物酶同工酶的区带。

弃去显色液，用蒸馏水洗涤后，将胶板浸入5%的醋酸中保存并固定。

【数据处理】

仔细观察胶条中显示出的条带的颜色,数目和分布位置。记录并绘图。

【注意事项】

1. 在整个清洗过程中要轻拿轻放,以免将玻璃板弄碎。同时,清洗玻璃板不容许用强酸、强碱以及酒精溶液,一般用清水加一点洗涤剂进行清洗,然后用除离子水或蒸馏水润洗。

2. 在整个实验过程中,要注意实验安全,凝胶、联苯胺等试剂有毒,应戴乳胶手套或一次性手套操作。

3. 在电泳过程中不允许用手去触摸电极缓冲液,以免触电。

思考题

1. 电泳时,加在凝胶上的电场(或电流)的方向如何?为什么要这种方向?

2. 在胶条最后的显色中,若染色液用考马斯亮蓝试剂,染出来的色条和本实验的相比,哪个数目多?

实验 21 废水中苯酚高效降解菌的筛选及其性能测定

苯酚是炼油、造纸、塑料、纺织等工业废水中的主要污染物,属于芳香族化合物,在环境中有较强毒性,且在自然条件下难于降解;进入生物体内,会引起蛋白质变性和凝固以及中枢神经的痉挛。含酚废水在我国水污染控制中被列为重点解决的有害废水之一,我国以及世界发达国家都将苯酚列在环境污染物的黑名单之中。

【实验目的】

1. 掌握微生物分离纯化的基本操作。
2. 掌握用选择性培养基从环境中分离苯酚降解菌的原理和方法。
3. 掌握微生物对苯酚降解能力的测定方法。

【实验原理】

在工业废水的生物处理中,对污染成分单一的有毒废水,可以选育特定的高效菌株进行处理。这些高效菌株以有机污染物作为其生长所需的能源、碳源或氮源,从而使有机污染物得以降解,具有处理效率高、耐受毒性强等优点。先已发现某些醋酸钙不动杆菌、假单胞菌、真氧产碱菌、反硝化菌等含有芳香烃的降解质粒,可以将苯酚依次降解成琥珀酸、草酰乙酸、乙酰辅酶 A,从而进入三羧酸(TCA)循环而最终生成二氧化碳和水。本实验通过筛选苯酚降解菌来处理含苯酚废水,将苯酚降解为二氧化碳和水,消除对环境的污染。

从环境中采样后,在以苯酚为唯一碳源的培养基中,经富集培养、分离纯化、降解实验和性能测定,可筛选出高效苯酚降解菌。

【仪器和试剂】

1. 仪器

(1)恒温培养箱。

(2)恒温摇床。

(3)分光光度计。

(4)比色皿。

(5)试管。

(6)250mL 三角瓶。

(7)100mL 容量瓶。

(8)培养皿。

(9)涂布玻棒。

(10)量筒。

(11)电子天平。

(12)灭菌锅。

(13)酒精灯。

(14)接种环。

2. 材料与试剂

(1)棉花。

(2)棉线。

(3)牛皮纸。

(4)pH 试纸。

(6)葡萄糖。

(7)牛肉膏。

(8)琼脂。

(9)苯酚。

(10)富集培养基:蛋白胨 0.5g, K_2HPO_4 0.1g, $MgSO_4$ 0.05g, 水 1 000mL, 调节 pH 7.2~7.4, 高压蒸汽灭菌, 冷却后视需要添加适量的苯酚。

(11)基础培养基: K_2HPO_4 0.6g, KH_2PO_4 0.4g, NH_4NO_3 0.5g, $MgSO_4$ 0.2g, $CaCl_2$ 0.025g, 水 1 000mL, 调节 pH 7.0~7.5, 高压蒸汽灭菌, 冷却后视需要添加适量的苯酚。

(12)苯酚标准溶液:称取分析纯苯酚 1.0g, 溶于蒸馏水中, 稀释至 1 000mL, 摇匀。此溶液溶度为 1 000mg·L^{-1}。测定标准曲线时将苯酚浓度稀释至 100mg·L^{-1}。

(13)四硼酸钠($Na_2B_4O_7$)饱和溶液:称取 $Na_2B_4O_7$ 40g, 溶于 1L 蒸馏水中, 冷却后使用, 此溶液的 pH 值为 10.1。

(14)3% 4-氨基安替比林溶液:称取分析纯 4-氨基安替比林 3g, 溶于蒸馏水中, 并稀释至 100mL, 置于棕色瓶中, 冰箱保存, 可用 2 周。

(15)2% 过硫酸铵(($NH_4)_2S_2O_8$)溶液:称取分析出(($NH_4)_2S_2O_8$ 2.0g, 溶于蒸馏水中, 并稀释至 100mL, 置于棕色瓶中, 冰箱保存, 可用 2 周。

（16）实验样品：受苯酚污染的土样或污水处理厂的活性污泥。

【实验步骤】

1. 细菌的富集培养和驯化

采集活性污泥或土样，接种于装有 100mL 富集培养基和玻璃珠并加有适量苯酚（50mg·L^{-1}）的锥形瓶中，30℃振荡培养。待细菌生长后，用无菌移液管吸取 1mL 转至另一个装有 100mL 富集培养基和玻璃珠并加有适量苯酚的锥形瓶中，如此连续转接 2~3 次，每次所加的苯酚量适当增加，最后可得苯酚降解菌占绝对优势的混合培养物。

2. 细菌的平板分离和纯化

（1）用无菌移液管吸取经富集培养的混合液 10mL，注入 90mL 无菌水中，充分混匀，并继续稀释到适当浓度。

（2）取适当浓度的稀释菌液，加一滴于固体平板（由富集培养基加入 2% 的琼脂组成，倒平板时添加适量的苯酚，浓度达到 200 mg·L^{-1}。）中央，用无菌玻璃涂棒把滴加在平板上的菌液涂平，盖好皿盖，每个稀释度做 2~3 个重复。

（3）室温放置一段时间，待接种菌液被培养基吸收后，倒置于 30℃恒温箱中培养 2~3d。

（4）挑选不同菌落形态，在含适量苯酚的固体平板上划线纯化。平板倒置于 30℃恒温箱中培养 2~3d。

3. 转接斜面

将纯化后的单菌落转接至补加适量苯酚的试管斜面，30℃恒温箱中培养 2~3d。

4. 苯酚降解实验

用接种环取斜面菌苔一环，接种于 100mL 基础培养基中，添加适量的苯酚，30℃震荡培养 2~3d。

5. 酚含量的测定

（1）标准曲线的绘制：取 100mL 容量瓶 7 只，分别加入 100mg·L^{-1}苯酚标准溶液 0、0.5mL、1.0mL、2.0mL、3.0mL、4.0mL、5.0mL，于每只容量瓶中加入 $Na_2B_4O_7$ 饱和溶液 10.0mL，3% 4-氨基安替比林溶液 1.0mL，再加入 $Na_2B_4O_7$ 和溶液 10.0mL，2%（NH_4）$_2S_2O_8$ 溶液 1.0mL，然后用蒸馏水稀释至刻度，摇匀。放置 10min 后将溶液转至比色皿中，在 560nm 处测定吸光度，根据吸光度和苯酚的质量绘制标准曲线。

（2）培养液中苯酚含量的测定：取经降解的培养液 30 mL，离心，取上清液 10 mL 于 100 mL 容量瓶中，加入 $Na_2B_4O_7$ 饱和溶液 10.0mL，3% 4-氨基安替比林溶液 1.0mL，再加入 $Na_2B_4O_7$ 饱和溶液 10.0mL，2%（NH_4）$_2S_2O_8$ 溶液 1.0mL，然后用蒸馏水稀释至刻度，摇匀。放置 10min 后将溶液转至比色皿中，在 560nm 处测定吸光度，从标准曲线上查得苯酚的质量。

【数据处理】

$$C（苯酚，mg·L^{-1}）= 标准曲线上查得苯酚的质量（mg）/10×1\,000 \qquad (5\text{-}18)$$
$$苯酚降解率 =（C_1 - C_2）/ C_1×100\%$$

式中　C_1——降解前溶液中的苯酚浓度（mg·L^{-1}）；

　　　C_2——降解后溶液中的苯酚浓度（mg·L^{-1}）。

【注意事项】

1. 涂布平板的菌悬液只作适度稀释,菌浓度不必过低。
2. 涂布平板的菌悬液不要过多或过少,0.2mL 为宜。
3. 平板上挑取菌落时,要挑取单菌落。
4. 单碳源实验的培养基和培养条件一定要严格把握。

思考题

如何从环境中分离高效苯酚降解菌株?

实验 22　头发中总汞含量的测定

【实验目的】

1. 掌握冷原子吸收光度仪测定汞的原理和操作方法。
2. 学会用冷原子吸收法测定样品总汞的方法。

【实验原理】

汞是常温下唯一的液态金属,且有较大的蒸气压测汞仪利用汞蒸气对光源发射的 253.7nm 谱线具有特征吸收来测定汞的含量。

【仪器和试剂】

1. 仪器

测汞仪(冷原子吸收光度仪)、移液管、100mL 锥形瓶、小漏斗、容量瓶。

2. 试剂

(1)浓硫酸(优级纯)、浓硝酸(优级纯)。

(2)5% $KMnO_4$(优级纯并再次提纯后)。

(3)5% 盐酸羟胺:称 5 g 盐酸羟胺($NH_2OH \cdot HCl$)溶于蒸馏水中稀释至 100 mL。

(4)20% 氯化亚锡:称 20 g 氯化亚锡($SnCl_2 \cdot 2H_2O$)溶于 20 mL 盐酸中,微热助溶,冷却后用水稀释至 100 mL。

(5)汞标准固定液(简称固定液):将 0.5 g 重铬酸钾(优级纯)溶于 950 mL 水,再加 50 mL 硝酸。

(6)汞标准贮备液:称取 0.135 4 g 氯化汞,用固定液溶解后,转移到 1 000 mL 容量瓶中,再用固定液稀释至标线,摇匀。此液每毫升含 100.0 μg 汞。

(7)汞标准中间液:吸取贮备液 10.00 mL,用固定液在 100 mL 容量瓶中定容,此液每毫升含 10.0 μg 汞。

(8)汞标准使用液:吸取中间液 10.00 mL,用固定液在 1 000 mL 容量瓶中定容,此液每毫升含 0.1 μg 汞。

【实验步骤】

测定过程如下：

(1)每个三角瓶中放入 50 mg 五氧化二钒。

(2)准确称量一定量样品(如头发样品 0.1 g)，放入相应编号的三角瓶中。

(3)每个三角瓶中加入 4 mL 优级纯硝酸，放上小漏斗，沙浴加热至不再产生红棕色气体，取下冷却。

(4)每个三角瓶中加热 2.5 mL 优级纯硫酸，沙浴加热，至消化液澄清，取下冷却。

(5)用蒸馏水冲洗小漏斗及三角瓶四壁，取下小漏斗。三角瓶放沙浴上加热至产生大量白色气体，取下冷却。

(6)每个三角瓶中滴加 4% 高锰酸钾，不断振摇，静置 10 min 后，以红色不褪为准。

(7)滴加 5% 盐酸羟胺溶液至红色褪尽。

(8)把消化液转移到 80 mL 翻泡瓶中定容到 30 mL，留待测定总汞含量。

(9)测定前，加入 2 mL 20% 氯化亚锡溶液。

(10) 标准曲线的测定：取 0、0.2mL、0.5mL、1.0mL、2.0mL、4.0mL、6.0 mL 0.1 $\mu g \cdot g^{-1}$ 的汞标准溶液到 80mL 翻泡瓶中，加入 3mL 1:1 硫酸，用蒸馏水定容到 30 mL，测定前，加入 2 mL 20% 氯化亚锡溶液。

以标准溶液系列作吸收值—微克数的标准曲线。

【数据处理】

$$发汞含量(\mu g \cdot g^{-1}) = \frac{查标准曲线所得汞微克数}{发样克数} \tag{5-19}$$

【风险评价】

根据美国环境保护署的研究，将成人感觉异常以及综合神经系统影响的发汞水平进行分级。成人感觉异常的发汞水平如下：

Ⅰ. <0.64 mg·kg⁻¹　　（感觉异常频率<5%）

Ⅰ. < 0.64 mg $\cdot$ kg^{-1}　　（感觉异常频率 $< 5\%$）

Ⅱ. $0.64 \sim 1.5$ mg $\cdot$ kg^{-1}　　（感觉异常频率 5%）

Ⅲ. $1.5 \sim 2.8$ mg $\cdot$ kg^{-1}　　（感觉异常频率 25%）

Ⅳ. $2.8 \sim 5.9$ mg $\cdot$ kg^{-1}　　（感觉异常频率 50%）

Ⅴ. $5.9 \sim 10$ mg $\cdot$ kg^{-1}　　（感觉异常频率 75%）

Ⅵ. > 10 mg $\cdot$ kg^{-1}　　（感觉异常频率 95%）

美国 EPA 最新制定的 RfD[$0.1\mu g/(kg \cdot d)$]相对应的发汞含量为 1mg $\cdot$ kg^{-1}，当人群头发中的总汞含量超过 1 mg $\cdot$ kg^{-1} 时，就会有甲基汞的健康风险。

【注意事项】

1. 各种型号测汞仪操作方法、特点不同，使用前应详细阅读仪器说明书。

2. 由于方法灵敏度很高，因此实验室环境和试剂纯度要求很高，应予注意。

3. 消化是本实验重要步骤，也是容易出错的步骤，必须仔细操作。

参 考 文 献

鲍士旦.2000. 土壤农化分析[M]. 北京：中国农业出版社.

程树培.1995. 环境生物学实验技术实验指南[M]. 南京：南京大学出版社.

迟杰，等.2010. 环境化学实验[M]. 天津：天津大学出版社.

代瑞华，刘会娟，曲久辉，等.2008. 氮磷限制对铜绿微囊藻生长和产毒的影响[J]. 环境科学学报.28(9)

董德明，花修艺，康春莉.2010. 环境化学实验[M]. 北京：北京大学出版社.

董德明，朱利中.2002. 环境化学实验[M]. 北京：高等教育出版社.

董德明，朱利中.2009. 环境化学实验[M]. 北京：高等教育出版社.

杜森，等.2006. 土壤分析技术规范[M]. 北京：中国农业出版社.

高士祥，顾雪元.2009. 环境化学实验[M]. 上海：华东理工大学出版社.

顾雪元，毛亮.2012. 环境化学实验[M]. 南京：南京大学出版社.

国家环保局《空气和废气监测分析方法》编写组.1995. 空气和废气监测分析方法[M]. 北京：中国环境科学出版社.

国家环保局《水与废水监测分析方法》编委会.1997. 水和废水监测分析方法[M].3 版. 北京：中国环境科学出版社.

国家环保局《水与废水监测分析方法》编委会.1997. 水和废水监测分析方法[M].3 版. 北京：中国环境科学出版社.

环境保护部.2012. HJ 503－2009 水质挥发酚的测定 4-氨基安替比林分光光度法[S]. 北京：中国环境科学出版社.

环境保护部.2012. HJ 636－2012 水质总氮的测定碱性过硫酸钾消解紫外分光光度法[S]. 北京：中国环境科学出版社.

江锦花.2011. 环境化学实验[M]. 北京：化学工业出版社.

康春丽，等.2000. 环境化学实验[M]. 长春：吉林大学出版社.

孔令仁，等.1990. 环境化学实验[M]. 南京：南京大学出版社.

林振骥.1961. 土壤农化分析法(土壤农化专业用)[M]. 北京：高等教育出版社.

刘德生.2008. 环境监测[M]. 北京：化学工业出版社.

刘鸿亮．金相灿.1987. 湖泊富营养化调查规范[M]. 北京：中国环境科学出版社.

刘娜，等.2012. 环境生物技术实验[M]. 北京：清华大学出版社.

全国农药残留实验研究协作组.2001. 农药残留量实用检测方法手册(第二卷). 北京：化学工业出版社.

孙福生.2011. 环境分析化学实验教程[M]. 北京：化学工业出版社.

王兰.2009. 环境微生物学实验方法与技术[M]. 北京：化学工业出版社.

王秀玲.2013. 环境化学[M]. 上海：华东理工大学出版社.

王玉昆.2012. 生物化学实验[M]. 武汉：华中科技大学出版社.

俞建瑛，等.2005 生物化学实验技术[M]. 北京：化学工业出版社.

岳永德. 2004. 农药残留分析[M]. 北京：中国农业出版社.

张宝贵. 2009. 环境化学[M]. 武汉：华中科技大学出版社.

张辉. 2009. 土壤环境学实验教程[M]. 上海：上海交通大学出版社.

附 录

附录1 环境空气质量标准(GB 3095—2012)

附表1-1 环境空气污染物基本项目浓度限值

序号	污染物项目	平均时间	浓度限值		单位
			一级	二级	
1	二氧化硫(SO_2)	年平均	20	60	
		24h 平均	50	150	
		1h 平均	150	500	$\mu g \cdot m^{-3}$
2	二氧化氮(NO_2)	年平均	40	40	
		24h 平均	80	80	
		1h 平均	200	200	
3	一氧化碳(CO)	24h 平均	4	4	$mg \cdot m^{-3}$
		1h 平均	10	10	
4	臭氧(O_3)	日最大8h平均	100	160	
		1h 平均	160	200	
5	颗粒物(粒径≤10 μm)	年平均	40	70	$\mu g \cdot m^{-3}$
		24h 平均	50	150	
6	颗粒物(粒径≤2.5μm)	年平均	15	35	
		24h 平均	35	75	

附表1-2 环境空气污染物其他项目浓度限值

序号	污染物项目	平均时间	浓度限值		单位
			一级	二级	
1	总悬浮颗粒物(TSP)	年平均	80	200	
		24h 平均	120	300	
2	氮氧化物(NO_x)	年平均	50	50	
		24h 平均	100	100	
		1h 平均	250	250	$\mu g \cdot m^{-3}$
3	铅(Pb)	年平均	0.5	0.5	
		季平均	1	1	
4	苯并[a]芘(BaP)	年平均	0.001	0.001	
		24h 平均	0.002 5	0.002 5	

附录2　大气污染综合排放标准(GB 16297—1996)

附表 2-1　现有污染源大气污染物排放限值

序号	污染物	最高允许排放浓度 /(mg·m⁻³)	最高允许排放速率/(kg·h⁻¹)				无组织排放监控浓度限值	
			排气筒 /m	一级	二级	三级	监控点	浓度 /(mg·m⁻³)
1	二氧化硫	1200 （硫、二氧化硫、硫酸和其他含硫化合物生产） ——— 700 （硫、二氧化硫、硫酸和其他含硫化合物使用）	15 20 30 40 50 60 70 80 90 100	1.6 2.6 8.8 15 23 33 47 63 82 100	3.0 5.1 17 30 45 64 91 120 160 200	4.1 7.7 26 45 69 98 140 190 240 310	*无组织排放源上风向设参照点，下风向设监控点	0.50 （监控点与参照点浓度差值）
2	氮氧化物	1700 （硝酸、氮肥和火炸药生产） ——— 420 （硝酸使用和其他）	15 20 30 40 50 60 70 80 90 100	0.47 0.77 2.6 4.6 7.0 9.9 14 19 24 31	0.91 1.5 5.1 8.9 14 19 27 37 47 61	1.4 2.3 7.7 14 21 29 41 56 72 92	无组织排放源上风向设参照点，下风向设监控点。	0.15 （监控点与参照点浓度差值）
3	颗粒物	22 （碳黑尘、污料尘）	15 20 30 40	禁排	0.60 1.0 4.0 6.8	0.87 1.5 5.9 10	*周界外浓度最高点	肉眼不可见
		80** （玻璃棉尘、石英粉尘、矿渣棉尘）	15 20 30 40	禁排	2.2 3.7 14 25	3.1 5.3 21 37	无组织排放源上风向设参照点，下风向设监控点	2.0 （监控点与参照点浓度差值）
		150 （其他）	15 20 30 40 50 60	2.1 3.5 14 24 36 51	4.1 6.9 27 46 70 100	5.9 10 40 69 110 150	无组织排放源上风向设参照点，下风向设监控点	5.0 （监控点与参照点浓度差值）
4	氯化氢	150	15 20 30 40 50 60 70 80	禁排	0.30 0.51 1.7 3.0 4.5 6.4 9.1 12	0.46 0.7 2.6 4.5 6.9 9.8 14 19	周界外浓度最高点	0.25

（续）

序号	污染物	最高允许排放浓度/(mg·m⁻³)	最高允许排放速率/(kg·h⁻¹)				无组织排放监控浓度限值	
			排气筒/m	一级	二级	三级	监控点	浓度/(mg·m⁻³)
5	铬酸雾	0.080	15	禁排	0.009	0.014	周界外浓度最高点	0.007 5
			20		0.015	0.023		
			30		0.051	0.078		
			40		0.089	0.13		
			50		0.14	0.21		
			60		0.19	0.29		
6	硫酸雾	1000（火炸药厂） ———— 70（其他）	15	禁排	1.8	2.8	周界外浓度最高点	1.5
			20		3.1	4.6		
			30		10	16		
			40		18	27		
			50		27	41		
			60		39	59		
			70		55	83		
			80		74	110		
7	氟化物	100（普钙工业） ———— 11（其他）	15	禁排	0.12	0.18	无组织排放源上风向设参照点，下风向设监控点	20（μg/m³）（监控点与参照点浓度差值）
			20		0.20	0.31		
			30		0.69	1.0		
			40		1.2	1.8		
			50		1.8	2.7		
			60		2.6	3.9		
			70		3.6	5.5		
			80		4.9	7.5		
8	*氯气	85	25	禁排	0.60	0.90	周界外浓度最高点	0.50
			30		1.0	1.5		
			40		3.4	5.2		
			50		5.9	9.0		
			60		9.1	14		
			70		13	20		
			80		18	28		
9	铅及其化合物	0.90	15	禁排	0.005	0.007	周界外浓度最高点	0.007 5
			20		0.007	0.011		
			30		0.031	0.048		
			40		0.055	0.083		
			50		0.085	0.13		
			60		0.12	0.18		
			70		0.17	0.26		
			80		0.23	0.35		
			90		0.31	0.47		
			100		0.39	0.60		
10	汞及其化合物	0.015	15	禁排	1.8×10^{-3}	2.8×10^{-3}	周界外浓度最高点	0.001 5
			20		3.1×10^{-3}	4.6×10^{-3}		
			30		10×10^{-3}	16×10^{-3}		
			40		18×10^{-3}	27×10^{-3}		
			50		27×10^{-3}	41×10^{-3}		
			60		39×10^{-3}	59×10^{-3}		

（续）

序号	污染物	最高允许排放浓度 /(mg·m^{-3})	最高允许排放速率/(kg·h^{-1})				无组织排放监控浓度限值	
			排气筒 /m	一级	二级	三级	监控点	浓度 /(mg·m^{-3})
11	镉及其化合物	1.0	15	禁排	0.060	0.090	周界外浓度最高点	0.050
			20		0.10	0.15		
			30		0.34	0.52		
			40		0.59	0.90		
			50		0.91	1.4		
			60		1.3	2.0		
			70		1.8	2.8		
			80		2.5	3.7		
12	铍及其化合物	0.015	15	禁排	1.3×10^{-3}	2.0×10^{-3}	周界外浓度最高点	0.0010
			20		2.2×10^{-3}	3.3×10^{-3}		
			30		7.3×10^{-3}	11×10^{-3}		
			40		13×10^{-3}	19×10^{-3}		
			50		19×10^{-3}	29×10^{-3}		
			60		27×10^{-3}	41×10^{-3}		
			70		39×10^{-3}	58×10^{-3}		
			80		52×10^{-3}	79×10^{-3}		
13	镍及其化合物	5.0	15	禁排	0.18	0.28	周界外浓度最高点	0.050
			20		0.31	0.46		
			30		1.0	1.6		
			40		1.8	2.7		
			50		2.7	4.1		
			60		3.9	5.9		
			70		5.5	8.2		
			80		7.4	11		
14	锡及其化合物	10	15	禁排	0.36	0.55	周界外浓度最高点	0.30
			20		0.61	0.93		
			30		2.1	3.1		
			40		3.5	5.4		
			50		5.4	8.2		
			60		7.7	12		
			70		11	17		
			80		15	22		
15	苯	17	15	禁排	0.60	0.90	周界外浓度最高点	0.50
			20		1.0	1.5		
			30		3.3	5.2		
			40		6.0	9.0		
16	甲苯	60	15	禁排	3.6	5.5	周界外浓度最高点	3.0
			20		6.1	9.3		
			30		21	31		
			40		36	54		
17	二甲苯	90	15	禁排	1.2	1.8	周界外浓度最高点	1.5
			20		2.0	3.1		
			30		6.9	10		
			40		12	18		

（续）

序号	污染物	最高允许排放浓度 /(mg·m⁻³)	最高允许排放速率/(kg·h⁻¹)				无组织排放监控浓度限值	
			排气筒 /m	一级	二级	三级	监控点	浓度 /(mg·m⁻³)
18	酚类	115	15	禁排	0.12	0.18	周界外浓度最高点	0.10
			20		0.20	0.31		
			30		0.68	1.0		
			40		1.2	1.8		
			50		1.8	2.7		
			60		2.6	3.9		
19	甲醛	30	15	禁排	0.30	0.46	周界外浓度最高点	0.25
			20		0.51	0.77		
			30		1.7	2.6		
			40		3.0	4.5		
			50		4.5	6.9		
			60		6.4	9.8		
20	乙醛	150	15	禁排	0.060	0.090	周界外浓度最高点	0.050
			20		0.10	0.15		
			30		0.34	0.52		
			40		0.59	0.90		
			50		0.91	1.4		
			60		1.3	2.0		
21	丙烯腈	26	15	禁排	0.91	1.4	周界外浓度最高点	0.75
			20		1.5	2.3		
			30		5.1	7.8		
			40		8.9	13		
			50		14	21		
			60		19	29		
22	丙烯醛	20	15	禁排	0.61	0.92	周界外浓度最高点	0.50
			20		1.0	1.5		
			30		3.4	5.2		
			40		5.9	9.0		
			50		9.1	14		
			60		13	20		
23	*氰化氢	2.3	25	禁排	0.18	0.28	周界外浓度最高点	0.030
			30		0.31	0.46		
			40		1.0	1.6		
			50		1.8	2.7		
			60		2.7	4.1		
			70		3.9	5.9		
			80		5.5	8.3		
24	甲醇	220	15	禁排	6.1	9.2	周界外浓度最高点	15
			20		10	15		
			30		34	52		
			40		59	90		
			50		91	140		
			60		130	200		
25	苯胺类	25	15	禁排	0.61	0.92	周界外浓度最高点	0.50
			20		1.0	1.5		
			30		3.4	5.2		
			40		5.9	9.0		
			50		9.1	14		
			60		13	20		

（续）

序号	污染物	最高允许排放浓度/(mg·m⁻³)	最高允许排放速率/(kg·h⁻¹)				无组织排放监控浓度限值	
			排气筒/m	一级	二级	三级	监控点	浓度/(mg·m⁻³)
26	氯苯类	85	15	禁排	0.67	0.92	周界外浓度最高点	0.50
			20		1.0	1.5		
			30		2.9	4.4		
			40		5.0	7.6		
			50		7.7	12		
			60		11	17		
			70		15	23		
			80		21	32		
			90		27	41		
			100		34	52		
27	硝基苯类	20	15	禁排	0.060	0.090	周界外浓度最高点	0.050
			20		0.10	0.15		
			30		0.34	0.52		
			40		0.59	0.90		
			50		0.91	1.4		
			60		1.3	2.0		
28	氯乙烯	65	15	禁排	0.91	1.4	周界外浓度最高点	0.75
			20		1.5	2.3		
			30		5.0	7.8		
			40		8.9	13		
			50		14	21		
			60		19	29		
29	苯并[a]芘	0.50×10^{-3}（沥青、碳素制品生产和加工）	15	禁排	0.06×10^{-3}	0.09×10^{-3}	周界外浓度最高点	0.01（μg·m⁻³）
			20		0.10×10^{-3}	0.15×10^{-3}		
			30		0.34×10^{-3}	0.51×10^{-3}		
			40		0.59×10^{-3}	0.89×10^{-3}		
			50		0.90×10^{-3}	1.4×10^{-3}		
			60		1.3×10^{-3}	2.0×10^{-3}		
30	*光气	5.0	25	禁排	0.12	0.18	周界外浓度最高点	0.10
			30		0.20	0.31		
			40		0.69	1.0		
			50		1.2	1.8		
31	沥青烟	280（吹制沥青）／80（熔炼、浸涂）／150（建筑搅拌）	15	0.11	0.22	0.34	生产设备不得有明显无组织排放存在	
			20	0.19	0.36	0.55		
			30	0.82	1.6	2.4		
			40	1.4	2.8	4.2		
			50	2.2	4.3	6.6		
			60	3.0	5.9	9.0		
			70	4.5	8.7	13		
			80	6.2	12	18		
32	石棉尘	根据纤维/cm³ 或 20 mg/m³	15	禁排	0.65	0.98	生产设备不得有明显无组织排放存在	
			20		1.1	1.7		
			30		4.2	6.4		
			40		7.2	11		
			50		11	17		

（续）

序号	污染物	最高允许排放浓度 /(mg·m⁻³)	最高允许排放速率/(kg·h⁻¹)				无组织排放监控浓度限值	
			排气筒/m	一级	二级	三级	监控点	浓度 /(mg·m⁻³)
33	非甲烷总烃	150（使用溶剂汽油或其他混合烃类物质）	15	6.3	12	18	周界外浓度最高点	5.0
			20	10	20	30		
			30	35	63	100		
			40	61	120	170		

注：＊一般应于无组织排放源上风向2m～50m范围内设参照点，排放源下风向2m～50m范围内设监控点。

＊周界外浓度最高点一般应设于排放源下风向的单位周界外10m范围内。如预计无组织排放的最大落地浓度点越出10m范围，可将监控点移至该项预计浓度最高点。

＊＊均指含游离二氧化硅10%以上的各种尘。

＊排放氯气的排气筒不得低于25m。

＊排放氰化氢的排气筒不得低于25m。

＊排放光气的排气筒不得低于25m。

附表 2-2　新污染源大气污染物排放限值

序号	污染物	最高允许排放浓度 /(mg·m⁻³)	最高允许排放速率/(kg·h⁻¹)		无组织排放监控浓度限值	
			排气筒/m	二级	三级	监控点	浓度 /(mg·m⁻³)
1	二氧化硫	960（硫、二氧化硫、硫酸和其他含硫化合物生产）	15	2.6	3.5	＊周界外浓度最高点	0.40
			20	4.3	6.6		
			30	15	22		
			40	25	38		
		550（硫、二氧化硫、硫酸和其他含硫化合物使用）	50	39	58		
			60	55	83		
			70	77	120		
			80	110	160		
			90	130	200		
			100	170	270		
2	氮氧化物	1 400（硝酸、氮肥和火炸药生产）	15	0.77	1.2	周界外浓度最高点	0.12
			20	1.3	2.0		
			30	4.4	6.6		
			40	7.5	11		
		240（硝酸使用和其他）	50	12	18		
			60	16	25		
			70	23	35		
			80	31	47		
			90	40	61		
			100	52	78		
3	颗粒物	18（碳黑尘、污料尘）	15	0.51	0.74	＊周界外浓度最高点	肉眼不可见
			20	0.85	1.3		
			30	3.4	5.0		
			40	5.8	8.5		
		60＊（玻璃棉尘、石英粉尘、矿渣棉尘）	15	1.9	2.6	周界外浓度最高点	1.0
			20	3.1	4.5		
			30	12	18		
			40	21	31		

（续）

序号	污染物	最高允许排放浓度 /(mg·m⁻³)	最高允许排放速率/(kg·h⁻¹)			无组织排放监控浓度限值	
			排气筒/m	二级	三级	监控点	浓度 /(mg·m⁻³)
3	颗粒物	120（其他）	15	3.5	5.0	周界外浓度最高点	0.20
			20	5.9	8.5		
			30	23	34		
			40	39	59		
			50	60	94		
			60	85	130		
4	氯化氢	150	15	0.26	0.39	周界外浓度最高点	0.20
			20	0.43	0.65		
			30	1.4	2.2		
			40	2.6	3.8		
			50	3.8	5.9		
			60	5.4	8.3		
			70	7.7	12		
			80	10	16		
5	铬酸雾	0.070	15	0.008	0.012	周界外浓度最高点	0.006 0
			20	0.013	0.020		
			30	0.043	0.066		
			40	0.076	0.12		
			50	0.12	0.18		
			60	0.16	0.25		
6	硫酸雾	430（火炸药厂） 45（其他）	15	1.5	2.4	周界外浓度最高点	1.2
			20	2.6	3.9		
			30	8.8	13		
			40	15	23		
			50	23	35		
			60	33	50		
			70	46	70		
			80	63	95		
7	氟化物	90（普钙工业） 9.0（其他）	15	0.10	0.15	周界外浓度最高点	20（μg·m⁻³）
			20	0.17	0.26		
			30	0.59	0.88		
			40	1.0	1.5		
			50	1.5	2.3		
			60	2.2	3.3		
			70	3.1	4.7		
			80	4.2	6.3		
8	*氯气	65	25	0.52	0.78	周界外浓度最高点	0.40
			30	0.87	1.3		
			40	2.9	4.4		
			50	5.0	7.6		
			60	7.7	12		
			70	11	17		
			80	15	23		

（续）

序号	污染物	最高允许排放浓度 /(mg·m⁻³)	最高允许排放速率/(kg·h⁻¹)			无组织排放监控浓度限值	
			排气筒/m	二级	三级	监控点	浓度 /(mg·m⁻³)
9	铅及其化合物	0.70	15	0.004	0.006	周界外浓度最高点	0.006 0
			20	0.006	0.009		
			30	0.027	0.041		
			40	0.047	0.071		
			50	0.072	0.11		
			60	0.10	0.15		
			70	0.15	0.22		
			80	0.20	0.30		
			90	0.26	0.40		
			100	0.33	0.51		
10	汞及其化合物	0.012	15	1.5×10^{-3}	2.4×10^{-3}	周界外浓度最高点	0.001 2
			20	2.6×10^{-3}	3.9×10^{-3}		
			30	7.8×10^{-3}	13×10^{-3}		
			40	15×10^{-3}	23×10^{-3}		
			50	23×10^{-3}	35×10^{-3}		
			60	33×10^{-3}	50×10^{-3}		
11	镉及其化合物	0.85	15	0.050	0.080	周界外浓度最高点	0.040
			20	0.090	0.13		
			30	0.29	0.44		
			40	0.50	0.77		
			50	0.77	1.2		
			60	1.1	1.7		
			70	1.5	2.3		
			80	2.1	3.2		
12	铍及其化合物	0.012	15	1.1×10^{-3}	1.7×10^{-3}	周界外浓度最高点	0.000 8
			20	1.8×10^{-3}	2.8×10^{-3}		
			30	6.2×10^{-3}	9.4×10^{-3}		
			40	11×10^{-3}	16×10^{-3}		
			50	16×10^{-3}	25×10^{-3}		
			60	23×10^{-3}	35×10^{-3}		
			70	33×10^{-3}	50×10^{-3}		
			80	44×10^{-3}	67×10^{-3}		
13	镍及其化合物	4.3	15	0.15	0.24	周界外浓度最高点	0.040
			20	0.26	0.34		
			30	0.88	1.3		
			40	1.5	2.3		
			50	2.3	3.5		
			60	3.3	5.0		
			70	4.6	7.0		
			80	6.3	10		

（续）

序号	污染物	最高允许排放浓度/(mg·m⁻³)	最高允许排放速率/(kg·h⁻¹)			无组织排放监控浓度限值	
			排气筒/m	二级	三级	监控点	浓度/(mg·m⁻³)
14	锡及其化合物	8.5	15	0.31	0.47	周界外浓度最高点	0.24
			20	0.582	0.79		
			30	1.8	2.7		
			40	3.0	34.6		
			50	4.6	7.0		
			60	6.6	10		
			70	9.3	14		
			80	13	19		
15	苯	12	15	0.50	0.80	周界外浓度最高点	0.40
			20	0.90	1.3		
			30	2.9	4.4		
			40	5.6	7.6		
16	甲苯	40	15	3.1	4.7	周界外浓度最高点	2.4
			20	5.2	7.9		
			30	18	27		
			40	30	46		
17	二甲苯	70	15	1.0	1.5	周界外浓度最高点	1.2
			20	1.7	2.6		
			30	5.9	8.8		
			40	10	15		
18	酚类	100	15	0.10	0.15	周界外浓度最高点	0.080
			20	0.17	0.26		
			30	0.58	0.88		
			40	1.0	1.5		
			50	1.5	2.3		
			60	2.2	3.3		
19	甲醛	25	15	0.26	0.39	周界外浓度最高点	0.20
			20	0.43	0.65		
			30	1.4	2.2		
			40	2.6	3.8		
			50	3.8	5.9		
			60	5.4	8.3		
20	乙醛	125	15	0.050	0.080	周界外浓度最高点	0.040
			20	0.090	0.13		
			30	0.29	0.44		
			40	0.50	0.77		
			50	0.77	1.2		
			60	1.1	1.6		
21	丙烯腈	22	15	0.77	1.2	周界外浓度最高点	0.60
			20	1.3	2.0		
			30	4.4	6.6		
			40	7.5	11		
			50	12	18		
			60	16	25		

（续）

序号	污染物	最高允许排放浓度 /(mg·m⁻³)	最高允许排放速率/(kg·h⁻¹)			无组织排放监控浓度限值	
			排气筒/m	二级	三级	监控点	浓度 /(mg·m⁻³)
22	丙烯醛	16	15	0.52	0.78	周界外浓度最高点	0.40
			20	0.87	1.3		
			30	2.9	4.4		
			40	5.0	7.6		
			50	7.7	12		
			60	11	17		
23	*氰化氢	1.9	25	0.15	0.24	周界外浓度最高点	0.024
			30	0.26	0.39		
			40	0.88	1.3		
			50	1.5	2.3		
			60	2.3	3.5		
			70	3.3	5.0		
			80	4.6	7.0		
24	甲醇	190	15	5.1	7.8	周界外浓度最高点	12
			20	8.6	13		
			30	29	44		
			40	50	70		
			50	77	120		
			60	100	170		
25	苯胺类	20	15	0.52	0.78	周界外浓度最高点	0.40
			20	0.87	1.3		
			30	2.9	4.4		
			40	5.0	7.6		
			50	7.7	12		
			60	11	17		
26	氯苯类	60	15	0.52	0.78	周界外浓度最高点	0.40
			20	0.87	1.3		
			30	2.5	3.8		
			40	4.3	6.5		
			50	6.6	9.9		
			60	9.3	14		
			70	13	20		
			80	18	27		
			90	23	35		
			100	29	44		
27	硝基苯类	16	15	0.050	0.080	周界外浓度最高点	0.040
			20	0.090	0.13		
			30	0.29	0.44		
			40	0.50	0.77		
			50	0.77	1.2		
			60	1.1	1.7		

（续）

序号	污染物	最高允许排放浓度 /(mg·m^{-3})	最高允许排放速率/(kg·h^{-1})			无组织排放监控浓度限值	
			排气筒/m	二级	三级	监控点	浓度 /(mg·m^{-3})
28	氯乙烯	36	15	0.77	1.2	周界外浓度最高点	0.60
			20	1.3	2.0		
			30	4.4	6.6		
			40	7.5	11		
			50	12	18		
			60	16	25		
29	苯并 (a)芘	0.50×10^{-3} （沥青、碳素制品生产和加工）	15	0.050×10^{-3}	0.08×10^{-3}	周界外浓度最高点	0.008 （μg·m^{-3}）
			20	0.085×10^{-3}	0.13×10^{-3}		
			30	0.29×10^{-3}	0.43×10^{-3}		
			40	0.50×10^{-3}	0.76×10^{-3}		
			50	0.77×10^{-3}	1.2×10^{-3}		
			60	1.1×10^{-3}	1.7×10^{-3}		
30	*光气	3.0	25	0.10	0.15	周界外浓度最高点	0.080
			30	0.17	0.26		
			40	0.59	0.88		
			50	1.0	1.5		
31	沥青烟	140 （吹制沥青） 40 （熔炼、浸涂） 75 （建筑搅拌）	15	0.18	0.27	生产设备不得有明显无组织排放存在	
			20	0.30	0.45		
			30	1.3	2.0		
			40	2.3	3.5		
			50	3.6	5.4		
			60	5.6	7.5		
			70	7.4	11		
			80	10	15		
32	石棉尘	根据纤维/cm^{3}或20mg·m^{-3}	15	0.55	0.83	生产设备不得有明显无组织排放存在	
			20	0.93	1.4		
			30	3.6	5.4		
			40	6.2	9.3		
			50	9.4	14		
33	非甲烷总烃	120 （使用溶剂汽油或其他混合烃类物质）	15	10	16	周界外浓度最高点	4.0
			20	17	27		
			30	53	83		
			40	100	150		

注：*周界外浓度最高点一般应设置于无组织排放源下风向的单位周界外10m范围内，若预计无组织排放的最大落地浓度点越出10m范围，可将监控点移至该预计浓度最高点。

* 均指含游离二氧化硅超过10%以上的各种尘。

* 排放氯气的排气筒不得低于25m。

* 排放氰化氢的排气筒不得低于25m。

* 排放光气的排气筒不得低于25m。

附录3 地表水环境质量标准(GB 3838—2002)

附表 3-1 地表水环境质量标准基本项目标准限值

序号	项　　目	I类	II类	III类	IV类	V类
1	水温/℃	人为造成的环境水温变化应限制在：周平均最大温升≤1；周平均最大温降≤2				
2	pH 值(无量网)	6~9				
3	溶解氧≥	饱和率90%(或7.5)	6	5	3	2
4	高锰酸盐指数≤	2	4	6	10	15
5	化学需氧量(COD)≥	15	15	20	30	40
6	五日生化需氧量(BOD_5)≤	3	3	34	6	10
7	氨氮(NH_3-N)≤	0.15	0.5	1.0	1.5	2.0
8	总磷(以 P 计)≤	0.02	0.1	0.2	0.3	0.4
9	总氮(湖、库，以 N 计)≤	0.2	0.5	1.0	1.5	2.0
10	铜≤	0.1	1.0	1.0	1.0	1.0
11	锌≤	0.05	1.0	1.0	2.0	2.0
12	氟化物(以 F^- 计)≤	1.0	1.0	1.0	1.5	1.5
13	硒≤	0.01	0.01	0.01	0.02	0.02
14	砷≤	0.05	0.05	0.05	0.1	0.1
15	汞≤	0.000 05	0.000 05	0.000 1	0.001	0.001
16	镉≤	0.001	0.005	0.005	0.005	0.01
17	铬(六价)≤	0.01	0.05	0.05	0.05	0.1
18	铅≤	0.01	0.01	0.05	0.05	0.1
19	氰化物≤	0.005	0.05	0.2	0.2	0.2
20	挥发酚≤	0.002	0.002	0.005	0.01	0.1
21	石油为类≤	0.05	0.05	0.05	0.5	1.0
22	阴离子表面活性剂≤	0.2	0.2	0.2	0.3	0.3
23	硫化物≤	0.05	0.1	0.2	0.5	1.0
24	粪大肠菌群(个/L)≤	200	2000	10 000	20 000	40 000

附表 3-2 集中式生活饮用水地表水源地补充项目标准限值　　　　单位：$mg \cdot L^{-1}$

序号	项　　目	标准值
1	硫酸盐(以 SO_4^{2-} 计)	250
2	氯化物(以 Cl^- 计)	250
3	硝酸盐(以 N 计)	10
4	铁	0.3
5	锰	0.1

附表 3-3   集中式生活用水地表水源地特定项目标准限值   单位：mg·L⁻¹

序号	项目	标准值	序号	项目	标准值
1	三氯甲烷	0.06	41	丙烯酰胺	0.000 5
2	四氯化碳	0.002	42	丙烯腈	0.1
3	二溴甲烷	0.02	43	邻苯二甲酸二丁酯	0.003
4	二氯甲烷	0.1	44	邻苯二甲酸二(2-基己基)酯	0.008
5	1,2-二氯乙烷	0.03	45	水合肼	0.01
6	环氧氯丙烷	0.02	46	四乙基铅	0.000 1
7	氯乙烯	0.005	47	吡啶	0.2
8	1,1-二氯乙烯	0.005	48	松节油	0.2
9	1,2-二氯乙烯	0.05	49	苦味酸	0.5
10	三氯乙烯	0.07	50	丁基黄原酸	0.005
11	四氯乙烯	0.04	51	活性氯	0.01
12	氯丁二烯	0.002	52	滴滴涕	0.001
13	六氯丁二烯	0.000 6	53	林丹	0.002
14	苯乙烯	0.02	54	环氧化氯	0.002
15	甲醛	0.9	55	对硫磷	0.003
16	乙醛	0.05	56	甲基对硫磷	0.002
17	丙烯醛	0.1	57	马拉硫磷	0.05
18	三氯乙醛	0.01	58	乐果	0.08
19	苯	0.01	59	敌敌畏	0.05
20	甲苯	0.7	60	敌百虫	0.05
21	乙苯	0.3	61	内吸磷	0.03
22	二甲苯①	0.5	62	百菌清	0.01
23	异丙苯	0.25	63	甲萘威	0.05
24	氯苯	0.3	64	溴氰菊酯	0.02
25	1,2-二氯苯	1.0	65	阿特拉津	0.003
26	1,4-二氯苯	0.02	66	苯并(a)芘	2.8×10^{-6}
27	三氯苯②	0.02	67	甲基汞	1.0×10^{-6}
28	四氯苯③	0.02	68	多氯联苯⑥	2.0×10^{-5}
29	六氯苯	0.05	69	微藻毒素-LR	0.001
30	硝基苯	0.017	70	黄磷	0.003
31	二硝基苯④	0.5	71	钼	0.07
32	2,4-二硝基甲苯	0.000 3	72	钴	1.0
33	2,4,6-三硝基甲苯	0.5	73	铍	0.002
34	硝基氯苯⑤	0.05	74	硼	0.5
35	2,4-二硝基氯苯	0.5	75	锑	0.005
36	2,4-二氯苯酚	0.093	76	镍	0.02
37	2,4,6-三氯苯酚	0.2	77	钡	0.7
38	五氯酚	0.009	78	钒	0.05
39	苯胺	0.1	79	钛	0.1
40	联苯胺	0.000 2	80	铊	0.000 1

注：①二甲苯：指对二甲苯、间二甲苯、邻二甲苯。

②三氯苯：指1,2,3-三氯苯、1,2,4-三氯苯、1,3,5-三氯苯。

③四氯苯：指1,2,3,4-四氯苯、1,2,3,5-四氯苯、1,2,4,5-四氯苯。

④二硝基苯：指对-二硝基苯、间-二硝基氯苯、邻-二硝基苯。

⑤硝基氯苯：指对-硝基氯苯、间-硝基氯苯、邻-硝基氯苯。

⑥多氯联苯：指 PCB-1016、PCB-1221、PCB-1232、PCB-1242、PCB-1248、PCB-1254、PCB-1260。

附录4 污水综合排放标准(GB 8978—1996)

附表4-1 第一类污染物最高允许排放浓度 单位:mg·L⁻¹

序号	污染物	最高允许排放浓度
1	总汞	0.05
2	烷基汞	不得检出
3	总镉	0.1
4	总铬	1.5
5	六价铬	0.5
6	总砷	0.5
7	总铅	1.0
8	总镍	1.0
9	苯并(a)芘	0.000 03
10	总铍	0.005
11	总银	0.5
12	总α放射性	1Bq/L
13	总β放射性	10Bq/L

附表4-2 第二类污染物最高允许排放浓度(1998年1月1日后建设的单位) 单位:mg·L⁻¹

序号	污染物	适用范围	一级标准	二级标准	三级标准
1	pH	一切排污单位	6~9	6~9	6~9
2	色度(稀释倍数)	一切排污单位	50	80	—
3	悬浮物(SS)	采矿、选矿、选煤工业	70	300	—
		脉金选矿	70	400	—
		边远地区砂金选矿	70	800	—
		城镇二级污水处理厂	20	30	—
		其他排污单位	70	150	400
4	五日生化需氧量(BOD₅)	甘蔗制糖、苎麻脱胶、湿法纤维板、染料、洗毛工业	20	60	600
		甜菜制糖、酒精、味精、皮革、化纤浆粕工业	20	100	600
		城镇二级污水处理厂	20	30	—
		其他排污单位	20	30	300
5	化学需氧量(COD)	甜菜制糖、合成脂肪酸、湿法纤维板、染料、洗毛、有机磷农药工业	100	200	1 000
		味精、酒精、医药原料药、生物制药、苎麻脱胶、皮革、化纤浆粕工业	100	300	1 000
		石油化工工业(包括石油炼制)	60	120	—
		城镇二级污水处理厂	60	120	500
		其他排污单位	100	150	500
6	石油类	一切排污单位	5	10	20
7	动植物油	一切排污单位	10	15	100

（续）

序号	污染物	适用范围	一级标准	二级标准	三级标准
8	挥发酚	一切排污单位	0.5	0.5	2.0
9	总氰化合物	一切排污单位	0.5	0.5	1.0
10	硫化物	一切排污单位	1.0	1.0	1.0
11	氨氮	医药原料药、染料、石油化工工业	15	50	—
		其他排污单位	15	25	—
		黄磷工业	10	15	20
12	氟化物	低氟地区（水体含氟量 <0.5mg·L^{-1}）	10	20	30
		其他排污单位	10	10	20
13	磷酸盐（以 P 计）	一切排污单位	0.5	1.0	—
14	甲醛	一切排污单位	1.0	2.0	5.0
15	苯胺类	一切排污单位	1.0	2.0	5.0
16	硝基苯类	一切排污单位	2.0	3.0	5.0
17	阴离子表面活性剂（LAS）	一切排污单位	5.0	10	20
18	总铜	一切排污单位	0.5	1.0	2.0
19	总锌	一切排污单位	2.0	5.0	5.0
20	总锰	合成脂肪酸工业	2.0	5.0	5.0
		其他排污单位	2.0	2.0	5.0
21	彩色显影剂	电影洗片	1.0	2.0	3.0
22	显影剂及氧化物总量	电影洗片	3.0	3.0	6.0
23	元素磷	一切排污单位	0.1	0.1	0.3
24	有机磷农药（以 P 计）	一切排污单位	不得检出	0.5	0.5
25	乐果	一切排污单位	不得检出	1.0	2.0
26	对硫磷	一切排污单位	不得检出	1.0	2.0
27	甲基对硫磷	一切排污单位	不得检出	1.0	2.0
28	马拉硫磷	一切排污单位	不得检出	5.0	10
29	五氯酚及五氯酚钠（以五氯酚计）	一切排污单位	5.0	8.0	10
30	可吸附有机卤化物（AOX）（以 Cl 计）	一切排污单位	1.0	5.0	8.0
31	三氯甲烷	一切排污单位	0.3	0.6	1.0
32	四氯化碳	一切排污单位	0.03	0.06	0.5
33	三氯乙烯	一切排污单位	0.3	0.6	1.0
34	四氯乙烯	一切排污单位	0.1	0.2	0.5
35	苯	一切排污单位	0.1	0.2	0.5
36	甲苯	一切排污单位	0.1	0.2	0.5
37	乙苯	一切排污单位	0.4	0.6	1.0
38	邻二甲苯	一切排污单位	0.4	0.6	1.0
39	对二甲苯	一切排污单位	0.4	0.6	1.0
40	间二甲苯	一切排污单位	0.4	0.6	1.0
41	氯苯	一切排污单位	0.2	0.4	1.0

（续）

序号	污染物	适用范围	一级标准	二级标准	三级标准
42	邻二氯苯	一切排污单位	0.4	0.6	1.0
43	对二氯苯	一切排污单位	0.4	0.6	1.0
44	对硝基氯苯	一切排污单位	0.5	1.0	5.0
45	2,4-二硝基氯苯	一切排污单位	0.5	1.0	5.0
46	苯酚	一切排污单位	0.3	0.4	1.0
47	间甲酚	一切排污单位	0.1	0.2	0.5
48	2,4-二氯酚	一切排污单位	0.6	0.8	1.0
49	2,4,6-三氯酚	一切排污单位	0.6	0.8	1.0
50	邻苯二甲酸二丁酯	一切排污单位	0.2	0.4	2.0
51	邻苯二甲酸二辛酯	一切排污单位	0.3	0.6	2.0
52	丙烯腈	一切排污单位	2.0	5.0	5.0
53	总硒	一切排污单位	0.1	0.2	0.5
54	粪大肠菌群数	医院*、兽医院及医疗机构含病原体污水	500 个/L	1 000 个/L	5 000 个/L
		传染病、结核病医院污水	100 个/L	500 个/L	1 000 个/L
55	总余氯（采用氯化消毒的医院污水）	医院*、兽医院及医疗机构含病原体污水	<0.5**	>3(接触时间 ≥1h)	>2(接触时间 ≥1h)
		传染病、结核病医院污水	<0.5**	>6.5(接触时间 ≥1.5h)	>5(接触时间 ≥1.5h)
56	总有机碳（TOC）	合成脂肪酸工业	20	40	—
		苎麻脱胶工业	20	60	—
		其他排污单位	20	30	—

注：其他排污单位：指除在该控制项目中所列行业以外的一切排污单位。

* 指 50 个床位以上的医院。

** 加氯消毒后须进行脱氯处理，达到本标准。

附录 5　土壤环境质量标准(GB 15618—1995)

土壤环境质量标准值　　　　　　　　　　　单位：mg·kg^{-1}

项　目			一级	二级			三级
			自然背景	pH<6.5	pH6.5~7.5	pH>7.5	pH>6.5
镉		≤	0.20	0.30	0.30	0.60	1.0
汞		≤	0.15	0.30	0.50	1.0	1.5
砷	水田	≤	15	30	25	20	30
	旱田	≤	15	40	30	25	40
铜	农田等	≤	35	50	100	100	400
	果园	≤	—	150	200	200	400
铅		≤	35	250	300	350	500
铬	水田	≤	90	250	300	350	400
	旱地	≤	90	150	200	250	300
锌		≤	100	200	250	300	500
镍		≤	40	40	50	60	200
六六六		≤	0.05		0.50		
滴滴涕		≤	0.05		0.50		

注：①重金属(铬主要是三价)和砷均按元素量计，适用于阳离子交换量>5cmol(+)/kg 的土壤，若≤5cmol(+)/kg，其标准值为表内数值的一半。

②六六六为 4 种异构体总量，滴滴涕为 4 种衍生物总量。

③水旱轮作地的土壤环境质量标准，砷采用水田值，铬采用旱地值。

附录6 典型有机污染的主要环境参数

化合物名称	相对分子质量	S	Kow	Koc	Pv	Kb	BCF
丙烯醛	56.06	2.1E5(20℃)	1.02	0.49	220(20℃)	3E-9	4.38
丙烯腈	53.1	7.9E4(25℃)	1.78	0.85	100(23℃)	3E-9	7.2
苯	78.12	1.78E3(25℃)	135	65	95.2(25℃)	1E-7	352.5
联苯胺	184.2	400(120℃)	21.9	10.5	5E-4	1E-10	68.7
2,4-二甲酚	122.2	490(25℃)	200	96	0.062(20℃)	1E-7	501.9
对氯间甲酚	142.6	3.85E8(20℃)	1259	604	0.05(20℃)	3E-9	2623.8
氯苯	112.56	488(25℃)	690	330	11.7(20℃)	3E-9	1.5E3
1,2,4-三氯苯	181.45	30(25℃)	1.9E4	9.2E3	0.29(25℃)	1E-10	3.0E5
六氯苯	284.79	6E-8(25℃)	2.6E6	1.2E6	1.09E-5(20℃)	3E-12	2.5E6
氯化乙烷类							
1,2-二氯乙烷	98.96	5.5E3(20℃)	63	30	180(20℃)		177.7
1,1,1-三氯乙烷	133.41	720(25℃)	320	152	123		765.8
六氯乙烷	236.74	50(22℃)	4.2E4	2.0E4	0.4(20℃)	1E-10	6.1E4
1,2-二氯乙烷	98.96	8.69	30	14	61(20℃)	1E-10	91.2
1,1,2-三氯乙烷	133.41	4.5E3(20℃)	117	56	19(20℃)	3E-12	309.96
1,1,2,2-四氯乙烷	167.85	2.9E3(20℃)	245	118	5(20℃)	3E-12	6.0E2
氯乙烷	64.52	5.74E3(20℃)	30.9	14.9	1E3(20℃)		93.6
双氯代甲醚	115	2.2E4(25℃)	2.4	1.2	30(22℃)		9.4
双2-氯乙醚	143	1.02E4	29	13.9		3E-9	88.4
2-氯乙基乙烯醚	116.6	1.5E4(25℃)	13.8	6.6	26.75(20℃)	1E-10	45.4
氯化苯类							
一氯苯	162.62	6.74(25℃)	1.0E4	4.8E3	0.017(20℃)	3E-9	1.7E4
氯化苯酸类							
2,4,6-三氯酸	197.5	800(25℃)	4.1E3	2.0E	0.012(25℃)	3E-9	4.8E5
2,4-二氯酚	163.0	4.6E3(20℃)	790	380	0.059(20℃)	1E-7	1.7E3
2-氯酚	128.56	2.85E4(20℃)	151	73	1.77(20℃)	1E-7	3.9E2
五氯苯酚	266.4	14(20℃)	1.1E5	5.3E4	1.1E-4(20℃)	3E-9	1.5E5
氯甲烷	199.38	8.2E3(20℃)	91	44	150.5(20℃)		2.5E2
氯苯类							
1,2-二氯苯	147.01	100(20℃)	3.6E3	1.7E3	1.0(20℃)	1E-10	6.7E3
1,3-二氯苯	147.01	123(25℃)	3.6E3	1.7E3	2.28(25℃)	1E-10	6.7E3
1,4-二氯苯	147.01	79(25℃)	3.6E3	1.7E3	1.18(25℃)	1E-10	6.7E3
二氯联苯胺							
3,3'-二氯联苯胺	253.1	4.0(22℃)	3.236E3	1553	1E-5(22℃)	3E-12	6.1E3
二氯乙烯类							
1,1-二氯乙烯	96.94	400(20℃)	135	65	591(25℃)		3.5E2
1,2-反式二氯乙烯	96.94	600(20℃)	123	59	326(20℃)		3.2E2

（续）

化合物名称	相对分子质量	S	Kow	Koc	Pv	Kb	BCF
二氯丙烷和二氯丙烯类							
1,2-二氯丙烷	112.99	2.7E-3	105	51	42(20℃)	1E-10	2.8E2
1,3-二氯丙烯	110.98	2.7E3(25℃)	100	48	25(20℃)	1E-10	2.7E2
2,4-二硝基酚	184.1	5.6E8(18℃)	34.7	16.6	1.49E-5(18℃)	3E-9	1.0E2
二硝基甲苯							
2,4-二硝基甲苯	182.14	270(22℃)	95	45	5.1E-3(20℃)	1E-7	2.6E2
2,6-二硝基甲苯	182.14	180(20℃)	190	92	0.018(20℃)	1E-7	4.8E2
荧蒽	202.3	0.26(25℃)	7.9E4	3.8E4	5E-6(25℃)	1E-10	1.1E5
1,2-联苯肼	184.2	1.84E3	871	418	2.6E-5(25℃)	1E-10	1.9E3
乙苯	106.16	152(20℃)	2.2E3	1.1E3	7(20℃)	3E-9	4.3E3
卤代醚类							
双2-氯异丙基醚	171.1	1.7E3	126	61	0.85(20℃)	1E-10	3.2E2
2-氯乙基乙烯醚	116.6	1.5E4(25℃)	13.8	6.6	26.75(20℃)	1E-10	45.4
4-氯苯基苯醚	204.66	3.3(25℃)	1.2E5	5.8E4	2.7E-3	1E-7	1.6E5
4-溴苯基苯醚	249.11	4.8(25℃)	8.7E4	4.2E4	1.5E-3(20℃)	3E-9	1.2E5
双二氯乙氯基甲烷	173.1	8.1E4(25℃)	10.7	5.2	<0.1(20℃)	3E-12	36.1
卤代甲烷类							
二氯甲烷	84.94	2.0E4(20℃)	18.2	8.8	362.4(20℃)		58.2
四氯甲烷	153.82	785(20℃)	912	439	90(20℃)	1E-10	1.96E3
氯甲烷	50.49	6.45E3(20℃)	8.9	4.3	3.76E3(20℃)		30.6
溴甲烷	94.94	900(20℃)	12.3	5.9	1.42E8(20℃)		40.9
溴代二氯甲烷	163.83	4.5E8	126	16	50(20℃)	1E-10	3.3E2
二溴氯甲烷	208.29	4.0E3	174	84	76(20℃)	1E-10	4.4E2
二氯二氟甲烷	120.91	280(25℃)	120	58	4.87E3(25℃)		3.2E2
三氯氟甲烷	137.4	1.1E3(20℃)	331	159	667.4(20℃)		7.9E2
异氟尔酮	138	1.2E4	180	87	0.38(20℃)	3E-9	4.6E2
六氯丁二烯	260.76	2.0(20℃)	6.0E4	2.9E4	0.15(20℃)	1E-10	8.5E4
六氯环戊二烯	272.77	1.8(25℃)	1.0E4	4.8E3	0.081(25℃)	1E-10	1.6E4
萘	128.2	31.7(25℃)	1.95E3	940	0.087(25℃)	1E-7	3.9E3
硝基萘	123.11	1.9E3(20℃)	74	36	0.15(20℃)	3E-9	2.1E2
硝基苯酸类							
2-硝基酚	139.1	2.1E3(20℃)	56	27	0.151(20℃)	3E-9	1.6E2
4-硝基酚	139.1	1.6E4(25℃)	93	35	2.2(46℃)	1E-7	2.5E2
2,4-二硝基邻甲酚	198.1	290(25℃)	500	240	5E-2(20℃)	3E-9	1.1E3
亚硝基胺类							
二甲基亚硝胺	74.1		0.21	0.10	8.1(25℃)	3E-12	1.1
联苯亚硝胺	198.2	40(25℃)	1349	648	0.1(25℃)	1E-10	2.7E3
二正丙基亚硝胺	130.2	9 900(25℃)	31	15	0.4(37℃)	3E-12	93.9
酚	94.11	9.3E4(25℃)	30	14.2	0.341(25℃)	3E-6	91.2
多核芳香族烃化合物类							

（续）

化合物名称	相对分子质量	S	Kow	Koc	Pv	Kb	BCF
蒽	178.2	0.045(25℃)	2.8E4	1.4E4	1.7E-5(25℃)	3E-8	4.3E4
苯并[a]蒽	228.3	5.7E-3(20)	4.1E5	2.0E5	2.2E-8(20℃)	1E-10	4.7E5
苯并[b]灰蒽	252.3	0.014(25℃)	1.15E6	5.5E5	5E-7(20℃)	3E-12	1.2E6
苯并[k]荧蒽	252.3	4.3E-3(25℃)	1.15E6	5.5E5	5E-7	3E-12	1.2E6
苯并[ghi]芘	276	2.6E-4(25℃)	3.2E6	1.6E6	1.03E-10	3E-12	3.0E6
苯并[a]芘	252	3.8E-3(25℃)	1.15E6	5.5E6	5.6E-9(25℃)	3E-12	1.2E6
	228.3	1.8E-3(25℃)	4.1E5	2.0E5	6.3E-9(25℃)	1E-10	4.8E5
二苯并[a,h]蒽	278.4	5E-4(25℃)	6.9E6	3.3E6	1E-10(20℃)	3E-12	6.0E6
并[1,2,3-cd]芘	276.3	5.3E-4(25℃)	3.2E6	1.6E6	1E-10(20℃)	3E-12	3.0E6
芴	116.2	1.69(25℃)	1.5E4	7.3E3	7.1E-4	3E-9	2.4E4
氯乙烯	62.5	2.7E3(25℃)	17.0	8.2	2.66E3(25℃)		54.7
三氯乙烯	131.39	1.1E3(20℃)	263	126	57.9(20℃)	1E-10	6.4E2
四氯乙烯	165.83	200(20℃)	759	364	14(20℃)	1E-10	1.7E3
甲苯	92.13	534.8(25℃)	620	300	28.7(20℃)	1E-7	1.4E3
菲	178.2	1.00(25℃)	2.8E4	1.4E4	9.6E-4(20℃)	1.6E-7	4.2E4
芘	202.3	0.13(25℃)	8.0E4	3.8E4	2.5E-6(25℃)	1E-10	1.1E5
农药及其代谢物类							
狄氏剂	381	0.195(25℃)	3.5E3	1.7E3	1.78E-7(20℃)	3E-12	6.6E3
氯丹	409.8	0.056(25℃)	3E5	1.4E5	1E-5(25℃)	3E-12	3.6E5
艾氏剂	365	0.180(25℃)	2E5	9.6E4	6E-6(25℃)	3E-9	2.5E5
滴滴涕及其代谢物							
DDD	320	0.1(5℃)	1.6E6	7.7E5	10.2E-7	1E-10	1.6E6
DDE	318	0.04(20℃)	9.1E5	4.4E6	6.5E-6	3E-12	9.8E5
DDT	354.5	5.5E-3(25℃)	8.1E6	3.9E6	1.9E-7(25℃)	3E-12	6.96E6
硫丹及其代谢物							
α-硫丹	406.9	0.53(25℃)	0.02	9.6E-3	1E-5(25℃)	3E-9	0.128
β-硫丹	406.9	0.28(25℃)	0.02	9.6E-3	1.9E-5(25℃)	3E-9	0.128
硫丹硫酸盐	422.9	0.22	0.05	0.024	1E-5(25℃)	1E-10	0.29
异狄氏剂及其代谢物							
异狄氏剂	381	0.25(25℃)	3.5E3	1.7E3	2E-7(25℃)	1E-10	6.6E3
异狄氏剂醛	381	50(25℃)	1.43E	670	2E-7(25℃)	3E-9	2.9E3
七氯及其代谢物							
七氯	373.5	0.18(25℃)	2.6E4	1.2E4	3E-4(25℃)		3.9E4
环氧七氯	389.2	0.35	450(25℃)	2.2E2	1.1E2	3E-12	20
六氯环乙烷							
α-六六六	291	1.63(25℃)	7.8E3	3.8E3	2.5E-5(20℃)	1E-10	1.4E4
β-六六六	291	0.24(25℃)	7.8E3	3.8E8	2.8E-7(20℃)	1E-10	1.4E4
δ-六六六	291	31.4(25℃)	1.4E4	6.6E3	1.7E-5(20℃)	1E-10	2.3E4
γ-六六六	291	7.8(25℃)	7.8E3	3.8E3	1.6E-4(20℃)	1E-10	1.4E4
氯化联苯类							

（续）

化合物名称	相对分子质量	S	Kow	Koc	Pv	Kb	BCF
多氯联苯 1061	257.9	0.42(25℃)	3.8E5	1.8E5	4E-4(25℃)	3E-9～3E-12	4.4E5
多氯联苯 1221	200.7	40.0(25℃)	1.2E4	5.8E3	6.7E-3(25℃)	3E-9～3E-12	1.99E4
多氯联苯 1232	232.2	407(25℃)	1.6E3	771	4.06E-3(25℃)	3E-9～3E-12	3.3E3
多氯联苯 1242	266.5	0.23(25℃)	1.3E4	6.3E3	1.3E-3(25℃)	3E-9～3E-12	2.1E4
多氯联苯 1248	209.5	0.054(25℃)	5.75E5	2.77E5	4.94E-4(25℃)	3E-9～3E-12	6.5E5
多氯联苯 1254	328.4	0.031(25℃)	1.1E6	5.3E5	7.71E-5(25℃)	3E-9～3E-12	1.2E6
多氯联苯 1260	375.7	27-3(25℃)	1.4E7	6.7E6	4.05E-5(25℃)	3E-9～3E-12	1.1E7
毒杀芬	414	0.50(25℃)	2E3	964	0.2-0.4(25℃)	3E-12	3.9E3
酯类							
邻苯二甲酸二甲酯	194.2	5.0E3(25℃)	3.63	17.4	4.19E-3(25℃)	5.2E-6	13.7
邻苯二甲酸二乙酯	222.2	896(25℃)	295	142	3.5E-3(25℃)	1E-7	7.1E2
邻苯二甲酸二正丁酯	278.3	13(25℃)	3.6E5	1.7E5	1E-5(25℃)	1.9E-8～4.4E-8	4.2E5
邻苯二甲酸二正辛酯	391	3.0(25℃)	7.4E9	3.6E9	1.4E-4(25℃)	3.1E-10	3.2E9
苯二甲酸双2-乙基己酯	391	0.4(25℃)	4.1E9	2.0E9	2E-7(25℃)	4.2E-12	1.9E9
苯二甲酸丁卡酯	312	2.9	3.6E6	1.7E3	6E-5	3E-9	3.4E6

摘自《常见有毒化学品环境事故应急处置技术与监测方法》胡望钧主编

注：表中主要参数的意义：S——水中溶解度(mg·L^{-1})；K_{OC}——沉积物中有机碳—水中的分配系数；K_{OW}——辛醇-水分配系数；BCF——水生生物富集系数；P_V——蒸气压(Torr)；K_b——微生物转化速度常数(1/h)。

参 考 文 献

鲍士旦 . 2000. 土壤农化分析[M]. 北京：中国农业出版社 .

程树培 . 1995. 环境生物学实验技术实验指南[M]. 南京：南京大学出版社 .

迟杰，等 . 2010. 环境化学实验 [M]. 天津：天津大学出版社 .

代瑞华，刘会娟，曲久辉，等 . 2008. 氮磷限制对铜绿微囊藻生长和产毒的影响[J]. 环境科学学报 . 28(9)

董德明，花修艺，康春莉 . 2010. 环境化学实验[M]. 北京：北京大学出版社 .

董德明，朱利中 . 2002. 环境化学实验[M]. 北京：高等教育出版社 .

董德明，朱利中 . 2009. 环境化学实验[M]. 北京：高等教育出版社 .

杜森，等 . 2006. 土壤分析技术规范 [M]. 北京：中国农业出版社 .

高士祥，顾雪元 . 2009. 环境化学实验 [M]. 上海：华东理工大学出版社 .

顾雪元，毛亮 . 2012. 环境化学实验[M]. 南京：南京大学出版社 .

国家环保局《空气和废气监测分析方法》编写组 . 1995. 空气和废气监测分析方法[M]. 北京：中国环境
科学出版社 .

国家环保局《水与废水监测分析方法》编委会 . 1997. 水和废水监测分析方法[M]. 3 版 . 北京：中国环境
科学出版社 .

环境保护部 . 2012. HJ 503 – 2009 水质挥发酚的测定 4-氨基安替比林分光光度法[S]. 北京：中国环境科
学出版社 .

环境保护部 . 2012. HJ 636 – 2012 水质总氮的测定碱性过硫酸钾消解紫外分光光度法[S]. 北京：中国环
境科学出版社 .

江锦花 . 2011. 环境化学实验[M]. 北京：化学工业出版社 .

康春丽，等 . 2000. 环境化学实验[M]. 长春：吉林大学出版社 .

孔令仁，等 . 1990. 环境化学实验[M]. 南京：南京大学出版社 .

林振骥 . 1961. 土壤农化分析法(土壤农化专业用)[M]. 北京：高等教育出版社 .

刘德生 . 2008. 环境监测 [M]. 北京：化学工业出版社 .

刘鸿亮 . 金相灿 . 1987. 湖泊富营养化调查规范[M]. 北京：中国环境科学出版社 .

刘娜，等 . 2012. 环境生物技术实验[M]. 北京：清华大学出版社 .

全国农药残留实验研究协作组 . 2001. 农药残留量实用检测方法手册(第二卷). 北京：化学工业出版社 .

孙福生 . 2011. 环境分析化学实验教程[M]. 北京：化学工业出版社 .

王兰 . 2009. 环境微生物学实验方法与技术[M]. 北京：化学工业出版社 .

王秀玲 . 2013. 环境化学[M]. 上海：华东理工大学出版社 .

王玉昆 . 2012. 生物化学实验[M]. 武汉：华中科技大学出版社 .

俞建瑛，等 . 2005 生物化学实验技术[M]. 北京：化学工业出版社 .